"十二五"职业教育国家规划立项教材

模 具 认 知

主　编　张　萍　宋　浩
副主编　夏　云　张　军
参　编　陈爱民　陈丽娟　柴　俊　沈　斌

机 械 工 业 出 版 社

本书是"十二五"职业教育国家规划立项教材。本书共分 7 章，内容包括模具概述、常用成形设备、冲压成形技术、塑料成型技术、其他模具概述、模具装配与调试技术概述、模具维护与维修技术概述。

本书可作为职业院校加工制造类专业教材，也可作为相关岗位培训教材。

为便于教学，本书配套有电子教案、助教课件、教学视频等教学资源，选择本书作为教材的教师可登录 www.cmpedu.com 网站，注册后免费下载。

图书在版编目（CIP）数据

模具认知/张萍，宋浩主编. —北京：机械工业出版社，2020.7
（2024.8 重印）
"十二五"职业教育国家规划立项教材
ISBN 978-7-111-65938-9

Ⅰ.①模…　Ⅱ.①张…②宋…　Ⅲ.①模具-制造-中等专业学校-教材
Ⅳ.①TG760.6

中国版本图书馆 CIP 数据核字（2020）第 110547 号

机械工业出版社（北京市百万庄大街 22 号　邮政编码 100037）
策划编辑：齐志刚　责任编辑：齐志刚　戴　琳
责任校对：郑　婕　封面设计：张　静
责任印制：邸　敏
北京富资园科技发展有限公司印刷
2024 年 8 月第 1 版第 6 次印刷
184mm×260mm・12.75 印张・315 千字
标准书号：ISBN 978-7-111-65938-9
定价：39.00 元

电话服务　　　　　　　　　网络服务
客服电话：010-88361066　　机　工　官　网：www.cmpbook.com
　　　　　010-88379833　　机　工　官　博：weibo.com/cmp1952
　　　　　010-68326294　　金　书　网：www.golden-book.com
封底无防伪标均为盗版　　机工教育服务网：www.cmpedu.com

前　言

模具行业不仅是制造业的基础，而且是保障国民经济发展的重要基础之一，模具制造与应用水平的高低代表着一个国家制造业水平的高低。模具行业的发展可带动相关产业发展。振兴装备制造业，节能减排，提高加工质量和生产效率，实现智能制造，这些都需要大力发展模具工业。近年来，我国模具行业的增速较快，特别是汽车、电子信息、建材及机械制造等行业的高速发展，为模具行业的发展提供了广阔的市场。

新技术、新材料、新工艺的不断涌现，促进了模具技术的不断进步。技术密集型的模具企业已采用先进的数控加工技术、CAD/CAE/CAM一体化技术、快速成型技术、虚拟仿真技术、机器人技术、逆向工程技术、网络技术和信息管理技术。企业对从业员工的知识水平、能力、素质要求在不断提高，既需要从事模具开发设计的高端人才，也需要大量从事数控机床操作、电加工设备操作、模具钳工操作等一线生产制造的高级技能型人才。现代企业对高素质和高水平的模具技术工人的需求量很大，并仍在持续增长。

本书是一本通俗易懂、简洁实用的模具技术基础教材，让初学者能够快速入门，了解模具技术中的一些基础知识和常见模具的种类、作用及其基本结构和工作过程。编者本着"以服务为宗旨，以就业为导向，以能力为本位"的现代职教理念，根据教育部公布的模具制造技术专业教学标准要求及相关的国家职业标准和行业的职业技能鉴定标准编写了本书，编写过程中既考虑内容的广度和基础性，也注重内容的实用性和通俗性。本书图文并茂，语言简洁，内容、结构设计科学，符合教学规律，符合学生的认知规律和成长规律，适合学生的自主性学习。

本书由江苏联合职业技术学院无锡机电分院张萍和宋浩担任主编，由江苏联合职业技术学院扬州机电分院夏云和蓬莱市职业中等专业学校张军担任副主编，参编人员有宜兴技师学院陈丽娟，江苏联合职业技术学院无锡机电分院陈爱民、柴俊，浙江省嘉兴市秀水中等专业学校沈斌。

由于编者水平有限，技术资料收集不够齐全，书中难免存在疏漏和不足之处，敬请使用本书的教师和读者指正。

编　者

目　录

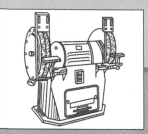

第1章

模具概述

近年来，我国经济的迅猛发展为模具工业的发展提供了巨大的动力。在机械、电子、汽车、信息、航空航天、交通、医疗、建材、轻工、军工、生物、能源等诸多行业中，60%~90%的零部件都要依靠模具加工成形。许多高新技术产品的开发和生产在很大程度上依赖模具，特别是汽车的大型覆盖件、电子产品的精密零件等的生产。

由模具生产的制件精度高、质量稳定、互换性好。模具加工以其生产率高、操作方便、消耗少、成本低、节能环保、易于实现机械化与自动化等优势，越来越受到人们的青睐。因此，模具在制造行业得到了广泛使用。

1.1 模具基本知识

1.1.1 模具的概念及模具技术的应用

1. 模具的概念

模具是在相应的压力成形设备（如压力机、剪板机、塑料注射机、压铸机等）配合下，可直接改变金属或非金属材料的形状、尺寸和性能，使之成形为成品或半成品的成形工具。

2. 模具技术在各个领域的应用

（1）模具技术在汽车行业中的应用　我国经济的飞速发展，给汽车行业带来了勃勃生机。在汽车生产中，90%以上的零部件需要依靠模具成形。每一型号的汽车都需要几千副模具，价值上亿元。为了满足人们对汽车日益增长的需求，在汽车市场竞争激烈的背景下，新车型的研发和制造时间越来越短。新车型研发和制造的主要工作是围绕车身型面的改变而进行的，而车身的制造离不开模具，因此我国汽车模具市场有巨大的潜力。图1-1所示为汽车中的部分模具产品，汽车发动机舱盖是由冲压模生产的，汽车发动机缸体是由压铸模生产的，车灯灯罩、汽车内饰件是由塑料模生产的，车灯灯丝是由拉制模生产的，汽车轮胎是由橡胶模生产的，风窗玻璃是由玻璃模生产的，汽车曲轴和连杆是由锻模生产的等。

（2）模具技术在家用电器和日常生活用品中的应用　随着人民生活水平的提高，人们对家用电器和日常生活用品的需求量越来越大，越来越高，市场竞争激烈，产品更新换代的周期越来越短，使得外壳设计和换型成为重要环节。每次外壳换型时都需要更换模具，因此家用电器模具和日常生活用品模具有巨大的市场需求空间。例如：一台全自动洗衣机需模具约200副，一台彩电需模具约140副，一台电冰箱需模具约350副。图1-2所示为可由模具成形或部分成形的家用电器和日常生活用品。

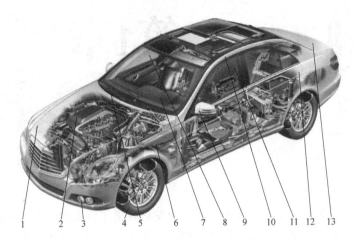

图 1-1　汽车中的部分模具产品

1—发动机舱盖　2—汽车发动机缸体　3—车灯罩　4—汽车轮胎　5—刮水器　6—前翼子板　7—汽车内饰件

8—风窗玻璃　9—后视镜外壳　10—车身骨架　11—汽车座椅　12—车门　13—行李舱盖

a) 家用电器

b) 日常生活用品

图 1-2　模具技术在家用电器和日常生活用品中的应用

（3）模具技术在电子行业中的应用　随着电子技术的迅猛发展，机电产品日益繁多，对模具的依赖性日益加强，如手机、计算机、打印机、相机、音箱、DVD 机、扫地机器人等产品中均有模具成形的产品，如图 1-3 所示。

图 1-3　模具技术在电子行业中的应用

（4）模具技术在医疗行业中的应用　在医疗行业中，医疗器械的零部件大部分是通过模具制造的产品，其中以塑料制品和不锈钢制品居多，如病床的组成零件、各种影像检测设备（彩色超声诊断仪、X 光机、CT 机等）的壳体、手术刀、剪刀、手术钳、器材托盘、听诊器和口腔医疗用具等等，如图 1-4 所示。

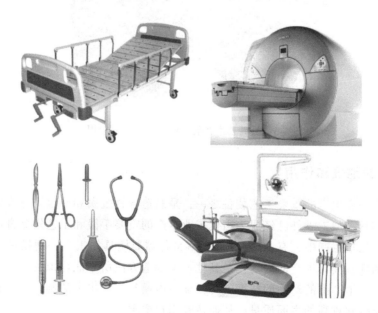

图 1-4　模具技术在医疗行业中的应用

（5）模具技术在航空航天工业中的应用　航空航天工业是国家重要工业之一，模具技术在航空航天工业中的应用也非常广泛。飞机的大部分零件都是模具成形产品，如飞机内、外壳体，飞机座舱内的座椅、内饰板等，如图 1-5 所示。

图 1-5 模具技术在航空航天工业中的应用

1.1.2 模具的地位和作用

模具是现代工业生产的重要工艺装备之一，是制造各种金属和非金属零件的重要生产工具之一。 由模具来加工零件已经成为当代工业生产的重要手段和工艺发展方向。在工业生产中，尤其是大批量生产中，有 60%~90% 的零部件需要模具加工。一副模具一天可加工成千上万个模具制件。模具生产的高效性是其他加工制造方法所不能比拟的。

模具精度高，生产出的产品的精度就有保证。由模具生产出来的制件，不必经过传统加工方法加工就能得到较高的表面质量，从而达到用户要求。

模具可生产采用传统加工方法无法加工或很难加工的结构复杂的制件，如叶轮叶片的复杂曲面和细微结构等。

模具寿命长。一副冲压模或者塑料注射模，可加工几十万甚至几亿个模具零件，如一副硬质合金模，可冲压电动机定、转子的硅钢片达上亿件。因此，模具是现代工业生产中必不可少的、应用广泛的主要工艺装备。

模具工业的发展可带动相关产业的发展，其比例大约是1：100，即模具产业的1亿元产值，可带动相关产业的100亿元产值，因此模具工业被称为"效率放大器"。

模具工业是国民经济发展的重要基础工业之一。模具技术水平的高低，在很大程度上决定着产品的质量、效益和新产品的开发能力，已成为衡量一个国家制造水平高低的重要标志。

1.1.3　模具的种类及其制造特点

在工业生产中，模具不仅被广泛应用，而且种类繁多。按照模具工作性质分类，模具分为冲压模、塑料模、锻模和压铸模等；按照模具加工时的温度分类，模具分为冷作模具和热作模具；按照模具加工时的自动化程度分类，模具分为手工操作模、半自动模、全自动模；按照结构尺寸分类，模具分为大型、中型和小型模具；按照模具专业化程度分类，模具分为通用模、专用模、自动模、组合模和简易模等。

1. 冲压模的种类

冲压模一般在常温下加工制件，故曾被称为冷冲压模、冷冲模或五金模。

冲压模是指安装在冲压产品成形设备（主要是压力机）上，使材料产生分离或者塑性变形，从而获得具有一定形状、尺寸和性能的零件的装置。冲模主要用来对金属薄板进行成形加工。

按照工序组合方式分类，冲压模分为单工序模、复合模和级进模等，其中，单工序模按照工序性质分类，分为冲裁模、成形模、弯曲模、拉深模等，冲裁模又分为落料模、冲孔模、切断模、切舌模、翻边模等；按照导向方式分类，冲压模一般分为无导向的敞开模（开式模）、导板模和导柱模等；按照凸模或凸凹模的安装位置分类，冲压模一般分为正装模和倒装模；按照凸模和凹模所用材料分类，冲压模一般分为硬质合金冲压模、钢质冲压模、锌基合金冲压模、橡胶冲压模和聚氨酯冲压模等。

冲压模的主要类型见表1-1。

表1-1　冲压模的主要类型

分类方法	模具类别及其功能简介		模具样图	案例样图	
				制件	被加工材料或余料
按工序性质分类	冲裁模：沿封闭或敞开的轮廓线使材料产生分离的冲压模	落料模：冲制封闭轮廓内的板材，从而获得加工制件的冲裁模	板料		余料

（续）

分类方法	模具类别及其功能简介		模具样图	案例样图	
				制件	被加工材料或余料
按工序性质分类	冲裁模:沿封闭或敞开的轮廓线使材料产生分离的冲压模	冲孔模:切除封闭轮廓内的板材,从而获得加工制件的冲裁模			余料
	成形模:将板料毛坯或半成品制件按凸、凹模的形状直接复制成形,使材料本身仅产生局部塑性变形的冲压模	缩口模:在空心毛坯或管状毛坯敞口处加压,使其径向尺寸缩小的成形模	顶杆		被加工材料
		胀形模:使空心毛坯或管状毛坯中心部位的径向尺寸增大的成形模			被加工材料
		翻边模:使毛坯的平面部分或曲面部分的边缘沿一定曲线翻起或竖立的成形模			被加工材料

（续）

分类方法	模具类别及其功能简介	模具样图	案例样图	
			制件	被加工材料或余料
按工序性质分类	弯曲模:将金属板材、型材、管材等毛坯按照一定曲率或角度进行变形,从而得到一定角度和几何形状制件的冲压模			被加工材料
	拉深模:将平板毛坯冲压成各种形状的开口空心件,或者将开口空心件冲压成其他形状尺寸的空心件的冲压模			被加工材料
按工序组合方式分类	单工序模(又称简单模):在压力机的一次工作行程中,模具只能完成一道冲压工序的模具,如落料模、冲孔模、切断模、缩口模、弯曲模和拉深模等			余料
	级进模(又称连续模、跳步模):在压力机的一次工作行程中,依次在模具几个不同的工位上完成两道或两道以上冲压工序(如冲孔、落料、弯曲或拉深等)的冲压模	制件 余料	冲孔、落料	余料 / 在加工板料

（续）

分类方法	模具类别及其功能简介	模具样图	案例样图	
			制件	被加工材料或余料
按工序组合方式分类	复合模：在压力机的一次工作行程中，在模具的同一工位上同时完成两道或两道以上冲压工序的冲压模。复合模是多工序冲压模	凸凹模 拉深凸模 落料凹模 开口向下的制件		余料
按凸模或凸凹模的安装位置分类	正装模（又称顺装式）：单工序模的凸模或复合模中的凸凹模安装在模具的上模部分	冲孔凸模 凸凹模 落料凹模		余料
	倒装模：单工序模的凸模或复合模中的凸凹模安装在模具的下模部分	冲孔凸模 落料凹模 凸凹模		余料
按导向方式分类	无导向的敞开模（开式模）：模具本身无导向装置（如导柱、导套、导板等），完全靠压力机导轨导向来控制模具加工制件			余料
	导柱模：模具的上、下模分别装有导套、导柱，靠导柱和导套的配合精度来保证上、下模的位置精度	导套 导柱		被加工材料

（续）

分类 方法	模具类别及其功能简介	模具样图	案例样图	
			制件	被加工材料或余料
按导向方式分类	导板模：模具利用导板导向，以保证冲裁时上、下模位置准确。模具凸模始终不离开导板	导板		余料

2. 塑料模的种类

塑料模就是对塑料制品进行成型加工（模塑成型）的模具。

常用的塑料模有：注射模、压缩模、压注模、挤出模、吹塑模、真空吸塑模、热流道模、气体辅助注射模、水辅模、重叠注射模、反应注射模和塑封模等。

按照结构特征的不同，塑料模分为带侧向分型抽芯机构的塑料模、带活动镶件的塑料模、带定距分型机构的塑料模、自动卸螺纹的塑料模、无流道塑料模、带嵌件的塑料模、定模设置推出机构的塑料模、低发泡塑料模、气体辅助注射模、夹心注射模、熔芯模塑模和重叠注射模等。

（1）注射模　注射模是指在注射机上采用注射工艺成型塑料制件的模具，广泛用于成型热塑性塑料，但目前也可成型某些热固性塑料。部分注射模成型产品如图 1-6 所示。

图 1-6　注射模成型产品实例

塑料椅和塑料凳及其相应的模具如图 1-7 所示。塑料盆的部分模具及塑料盆如图 1-8 所示。洗澡盆的部分模具及洗澡盆如图 1-9 所示。汽车保险杠的部分模具及汽车保险杠如图 1-10 所示。

a) 塑料椅和塑料凳

b) 成型塑料椅的模具　　　　　　　　　　　　c) 成型塑料凳的部分模具

图 1-7　塑料椅和塑料凳及其相应的模具

图 1-8　塑料盆模具及塑料盆

图 1-9　洗澡盆的部分模具及洗澡盆

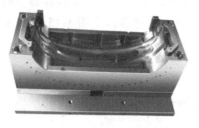

图 1-10 汽车保险杠的部分模具及汽车保险杠

（2）压缩模（又称压塑模、压制模）压缩模是指在热成型压力机上采用压缩工艺成型塑料制件的模具，主要用于成型热固性塑料制件，如酚醛树脂、环氧树脂、氨基树脂、不饱和聚酯、聚酰亚胺等热固性塑料的制件。图 1-11 所示为用压缩模生产的产品。

根据压缩模在热成型压力机上的固定方式不同，压缩模分为移动式压缩模、半固定式压缩模和固定式压缩模。

图 1-11 用压缩模生产的产品

（3）压注模（又称传递模、挤塑模）压注模是指在热成型压力机上采用压注工艺成型塑料制件的模具，主要用于成型热固性塑料制件，如酚醛树脂、三聚氰胺甲醛树脂、环氧树脂等热固性塑料的制件。图 1-12 所示为塑料勺子的压注模。图 1-13 所示为用压注模生产的产品示例。

图 1-12 塑料勺子的压注模

图 1-13 用压注模生产的产品

根据压注模装卸方式不同，压注模分为移动式压注模和固定式压注模。

（4）挤出模 挤出模主要用来成型各种热塑性塑料型材，如管、棒、丝、板、薄膜、电缆电线的包覆和各种截面形状的管材或板材。图 1-14 所示为用挤出模生产的产品。

图 1-14 用挤出模生产的产品

（5）吹塑模（又称中空吹塑模）　吹塑模主要用来成型中空塑料容器，材料为热塑性塑料，如薄壁塑料瓶、桶、罐、箱以及玩具类等中空塑料容器。图 1-15 所示为饮料瓶吹塑模及饮料瓶。

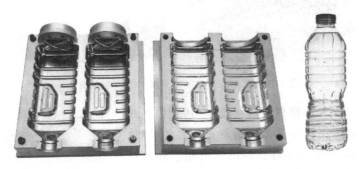

图 1-15　饮料瓶吹塑模及饮料瓶

（6）真空吸塑模　真空吸塑模是通过对一个凹模型腔抽真空而成型薄壁塑料容器的模具，主要用来成型包装盒、餐具盒等各种薄壁塑料包装用品及杯、碗等一次性使用的容器。这类产品的材料为聚氯乙烯、聚苯乙烯、聚乙烯等塑料。图 1-16 所示为真空吸塑成型工艺及其产品。

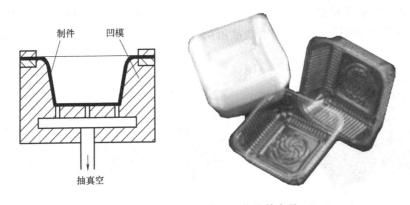

图 1-16　真空吸塑成型工艺及其产品

（7）热流道模　热流道模是指在模具流道附近安装有加热装置，模具在成型过程中，浇注系统内的塑料始终处于熔融状态，因此制件成型后其上无浇注凝料。

（8）气体辅助注射模　气体辅助注射模是指在模具中的熔融塑料没有完全凝固之前，将高压惰性气体注射到熔融塑料中，推动塑料完成充模过程，塑件固化后再排出气体的模具。图 1-17 所示为塑料门把手的气体辅助注射成型工艺示意图及其产品。

（9）重叠注射模（双注射模）　重叠注射模是指在制件的起始部分注射完成后，旋转制件，模具再对另一个更大的型腔注射另一种塑料。图 1-18 所示为重叠注射成型工艺示意图。

（10）反应注射模　反应注射模是指将两种或两种以上的塑料混合，使其在模具中发生塑化反应的模具，主要用来成型汽车的保险杠、挡泥板、车门板等以及医疗设备、休闲娱乐器材等。图 1-19 所示为反应注射成型工艺示意图。

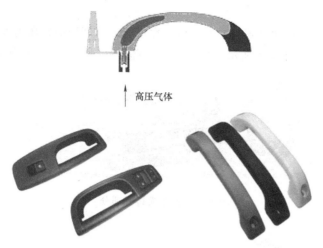

高压气体

图 1-17 塑料门把手的气体辅助注射成型工艺示意图及其产品

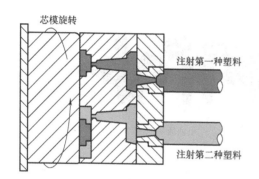

芯模旋转

注射第一种塑料

注射第二种塑料

图 1-18 重叠注射成型工艺示意图

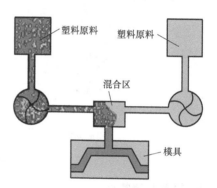

塑料原料

塑料原料

混合区

模具

图 1-19 反应注射成型工艺示意图

3. 压铸模

压铸工艺是在高压高速条件下将熔融合金充填模具型腔，并在高压下使合金冷却凝固成型的精密铸造方法，而压铸模是实现金属压力铸造成型的专用装备。许多医疗器械都是用压铸模生产的。用压铸模生产的产品如图 1-20 所示。

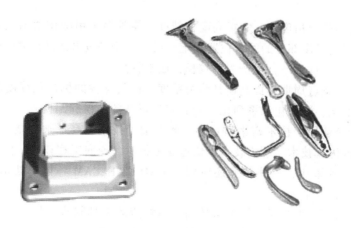

图 1-20 用压铸模生产的产品

4. 锻模

锻模是指将金属毛坯加热到一定温度后放在模膛内，利用锻锤压力使其成形为与模膛相近的金属制件的模具。图 1-21 所示为扳手模具（部分），图 1-22 所示为用锻模生产的产品。

图 1-21　扳手模具（部分）

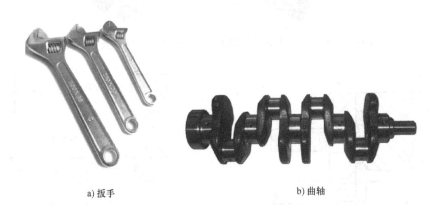

a) 扳手　　　　　　　　　　　　　　b) 曲轴

图 1-22　锻模产品

5. 模具制造特点

模具制件的精度要求高，这就要求模具本身的精度更高；而模具每天可生产成千上万个模具制件，这就要求模具的强度和寿命等性能也要很高。因此，模具的制造有其独特性。

1）模具零件的制造精度高。模具零件多用高效、高精度的专用加工设备和机床等加工，如高精度数控机床、加工中心、数控电火花线切割机床、数控电火花成形机床、各种数控磨削机床、电解加工机床、数控仿形机床等，并采用高精度的专用设备和测量仪器进行测量。

2）模具零件的配合精度高。为提高配合精度，模具多采用配作法加工和装配，并要考虑互换性。模具某些工作部分的配合位置和配合尺寸，要经过多次调试才能确定。

3）模具生产是单件生产，生产周期较长，成本较高。

4）为缩短模具制造周期，提高模具装配精度，模具零件的标准化程度越来越高，许多零件都实现了标准化、通用化和系列化（包括普通形状的凸模和凹模）。

5）模具制造企业属于技术密集型企业。数控加工技术、高速加工技术、CAD/CAM 软件应用技术、虚拟仿真技术、网络技术、快速成型技术、逆向工程技术、信息管理技术等在模具制造企业已得到采用，一些企业还应用了 CAD/CAE/CAM 一体化技术、机器人技术、智能制造等许多高新技术。

6）模具制造对工人的技术水平要求较高。高技能的模具制造工是掌握多种先进技术的复合型技能人才，是理论水平和实践技能都较高的专门人才。

7）模具装配后必须经过试模和调整，以达到产品的质量要求。

1.2 常用模具材料

模具的质量、性能和使用寿命直接关系到模具产品的质量、寿命和经济效益，而模具材料是影响模具质量、性能及使用寿命等诸多因素中的主要因素。为提高模具的质量和使用寿命，降低成本，增加效益，在制造模具时要选用合理的模具材料。

1.2.1 常用模具材料及其性能

1. 碳素工具钢

碳素工具钢为高碳钢，碳的质量分数为 0.7%～1.4%，主要牌号有 T7、T7A、T8、T8A、T10、T12、T12A 等。碳素工具钢在退火状态下具有良好的可加工性，淬火后能获得较高的硬度和良好的耐磨性，但碳素工具钢的淬透性差，淬火开裂倾向大，淬火变形大，回火稳定性差，热硬性低，淬火时必须急冷，因此碳素工具钢适宜于制作尺寸较小、形状简单、载荷较小、生产批量不大的冷作模具零件。

2. 合金工具钢

合金工具钢是在碳钢的基体上加入一种或几种合金元素冶炼而成的钢。其中，合金元素有 Cr、Mo、W、V、Si、Mn 等。常用合金工具钢有低合金工具钢和高合金工具钢。

1）低合金工具钢与碳素工具钢相比，淬火后有较高的强度、良好的耐磨性、较高的淬透性和回火稳定性、热处理变形小等，适合于制作各种模具成形零件。

低合金工具钢常用牌号有 9Mn2V、CrWMn、9SiCr、5CrMnMo、5CrNiMo、GCr15 等。其中，9Mn2V 和 CrWMn 是最常用的两种高碳低合金冷作模具钢。

2）高合金工具钢与低合金工具钢相比，增加了合金元素，其淬透性、耐磨性更好，热处理变形更小等，适合制作承载大、冲击多、形状复杂的模具零件。

高合金工具钢中常用的冷作模具钢有 Cr12MoV 等，热作模具钢有 3Cr2W8V 钢等。

3. 高速工具钢

高速工具钢是一种具有高硬度、高耐磨性和高耐热性的工具钢，曾称锋钢，俗称白钢。高速工具钢在高速切削产生高热的情况下（约 500℃）仍能保持高的硬度，能在 60HRC 以上。

常见的普通高速工具钢有两种，钨系高速工具钢和钨钼系高速工具钢。钨系高速工具钢典型牌号为 W18Cr4V，热处理硬度可达 63～66HRC，抗弯强度可达 3500MPa，耐磨性好。钨钼系高速工具钢的典型牌号为 W6Mo5Cr4V2，具有碳化物细小、分布均匀、耐磨性好、成本低等一系列优点，热处理硬度可达 63～66HRC，抗弯强度可达 4700MPa，韧性及热塑性比 W18Cr4V 高 50%，故有些应用场合中 W6Mo5Cr4V2 已取代钨系高速工具钢。另一牌号的普通高速工具钢为 W9Mo3Cr4V，是继前两种普通高速工具钢之后研制出来。W9Mo3Cr4V 的强度及热塑性略高于 W6Mo5Cr4V2，硬度为 63～64HRC，与韧性相配合，容易轧制、锻造，热处理工艺范围宽，脱碳敏感性小，成本更低。

高速工具钢适于制作冷挤压模具零件和热挤压模具零件。

4. 铸铁

铸铁主要有四种类型：白口铸铁、灰铸铁、可锻铸铁和球墨铸铁。铸铁的主要特点是铸造性能好，容易成型，铸造工艺与设备简单，成本低。铸铁具有良好的减振性、耐磨性和可加工性。灰铸铁可用于制作冲模的上、下模座，还可以代替模具钢制造模具的受力零件。

5. 硬质合金

硬质合金是由难熔金属的硬质化合物，以铁族金属为黏结剂，用粉末冶金方法制造的一种多相组合合金材料。常用的硬质合金有钨钴类（YG）、钨钛钴类（YT）和钨钛钽（铌）钴类（YW）。模具零件主要采用钨钴类硬质合金。

硬质合金具有较高的硬度、耐磨性、强度和较好的韧性、耐热性、耐蚀性等，特别是它的高硬度和高耐磨性，即使在500℃的温度下也基本保持不变，在1000℃时仍能保持很高的硬度。

6. 无磁模具钢

无磁模具钢在强磁场中不会被磁化，与磁性材料之间无吸引力，具有较高的硬度和耐磨性，因此常用来制作主要模具零件，特别是制作成形磁性金属和磁性塑料的模具零件。常用的无磁模具钢有7Mn15Cr2A13V2WMo。

7. 新型模具钢

新型模具钢具有较高的韧性、冲击韧性和断裂韧性，较好的高温强度、热稳定性和热疲劳强度等特点。常用新型模具钢的特点及应用见表1-2。

表1-2　常用新型模具钢的特点及应用

序号	牌　号	特点及应用
1	3Cr3Mo3W2V（HM1）	高温强度、热稳定性和热疲劳强度较好,可用于制作高速、大载荷、水冷环境下工作的模具零件
2	5Cr4Mo3SiMnVA1	冲击韧性较高,高温强度和热稳定性较好,可用于制作高温、大载荷环境下工作的模具零件
3	6Cr4Mo3Ni2WV（CG2）	高温强度和热稳定性较好,可用于制作小型热作模具零件
4	65Cr4W3Mo2VNb（65Nb）	高强韧性,可用于制作冷、热作模具零件
5	6W8Cr4VTi（LM1） 6Cr5Mo3W2VSiTi（LM2）	高强韧性,冲击韧度和断裂韧度均较高。在抗压强度与W18Cr4V钢相同时,上述各韧度比W18Cr4V钢高。可用于制作在高压力、大冲击条件下工作的冷作模具零件
6	7Cr7Mo3V2Si（LD）	高强韧性,可用于制作大载荷下工作的冷作模具零件
7	7CrSiMnMoV（CH-1）	韧性好,淬透性高,进行火焰淬火时,热处理变形小,可用于制作低强度冷作模具零件
8	12Cr4W2MoV	可用于制作长寿命的冲裁模零件
9	8Cr2MnWMoVSi（8Cr2S）	预硬化钢,易切削
10	Y55CrNiMnMoV（SM1）	预硬化钢,可用于制作有镜面要求的热塑性塑料注射模零件
11	Y20CrNi3AlMnMo（SM2） 5CrNiMnMoVSCa（5NiSCa）	可用于制作形状复杂、精度要求较高、产量较大的热塑性注射模零件
12	4Cr5Mo2MnVSi（Y10） 3Cr3Mo3VNb（HM3）	可用于制作压铸铝镁合金模具的零件
13	4Cr3Mo2MnVNbB（Y4）	可用于制作压铸铜合金模具的零件

1.2.2 常用模具材料的选用

1. 冷作模具材料的选用

在选用冷作模具材料时应综合考虑模具的工作条件、性能要求、材质、形状、结构、尺寸要求和生产批量等。模具材料的性能包括力学性能、可加工性、高温性能、表面性能、工艺性能及经济性能等。在选材时应遵循下列原则：

1）满足模具的使用性能要求。

① 承受重载荷的模具，选材时应首先考虑选用强度高的材料；承受强力摩擦和磨损的模具，选材时应首先考虑选用硬度高、耐磨性好的材料；承受大冲击载荷的模具，选材时应首先考虑选用韧性高的材料。

② 对于形状复杂、尺寸精度要求高的模具，应考虑选用微变形材料。

③ 对于结构复杂、尺寸较大的模具，宜采用淬透性好、变形小的高合金材料或采用镶拼结构，方便修整或更换。

④ 对于小批量生产或新产品试制，可选用一般材料；当生产批量大或自动化程度高时，宜选用高合金钢或硬质合金等综合性能较好的材料。

2）符合模具材料的工艺性能要求。模具材料一般应具有优良的可加工性、可锻性和热处理性能等。对尺寸较大、精度较高的模具，要求有较好的淬透性，较低的过热敏感性，较小的氧化脱碳和淬火变形、开裂倾向等；对需要焊接加工的模具，材料应有较好的焊接性。

3）考虑模具的经济性要求。模具材料发展很快，可用的产品种类在不断增加，在进行材料选用时应结合具体条件，在满足前两项要求的前提下，尽可能选用价格比较低的一般材料，少用特殊材料，多用货源充足、供应快捷方便的材料，少用或不用贵重和稀缺的材料。

2. 热作模具材料的选用

按照工作条件，热作模具可分为锻模、热挤压模、压铸模、热冲裁模等。

热作模具的特点是：在高温下通过比较大的压力或冲击力的作用，迫使被加工金属塑性变形。因此，对模具材料的基本要求是：模具工作时，在所需的温度下要保持高的强度、良好的冲击韧性、高的热疲劳强度、较高的耐磨性和淬透性，以及良好的导热性等工艺性能。

3. 塑料模材料的选用

在选用塑料模材料时应考虑如下几个方面：

1）根据生产批量、模具精度要求合理选用。对于生产批量较小或试制产品的模具，可选用优质碳素结构钢制作模具零件。对于生产批量大的高精度的模具，可选用微变形钢或预硬钢。

2）根据模具各零件的功用合理选用。对于与熔体接触并受熔体流动摩擦的零件（成型零件和浇注系统零件）、工作时有相对运动且发生摩擦的零件（导向件、推出和抽芯零件）以及重要的定位零件等，应分别视不同情况选用优质碳素结构钢、合金结构钢或合金工具钢等，并根据其工作条件提出热处理要求。对于其他结构零件，视其重要性可选用优质碳素结构钢或碳素结构钢，较重要的零件还需进行热处理。

3）根据模具的加工方法和复杂程度合理选用。对于结构复杂的型腔，采用机械加工方法加工，可选用热处理变形小的合金工具钢；对于冷挤压成形的简单型腔，则可选用韧性和塑性较好的优质碳素结构钢。

1.3 模具材料热处理

在模具制造中，热处理的作用非常重要。一般情况下，模具材料都要经过热处理才能获得较高的硬度、较好的耐磨性等使用性能。模具的使用寿命和精度，在很大程度上取决于热处理。

热处理是将金属材料放在一定的介质内加热、保温、冷却，通过改变材料表面或内部的金相组织结构来控制其性能的一种金属热加工工艺。模具热处理分为模具预备热处理和模具最终热处理两大类。有些模具在机械加工中要进行去应力热处理，有的模具使用一段时间后还要进行恢复性热处理。

金属热处理工艺大体可分为普通热处理、表面热处理和化学热处理三大类。为了进一步提高热处理质量，可采用新的热处理工艺，如最终热处理、真空热处理、冰冷处理、高温淬火+高温回火、低温淬火、表面强化等。这里不展开详解。

1.3.1 普通热处理

普通热处理包括退火、正火、淬火和回火等基本工艺。

1. 退火

将钢加热到适当的温度，保温一定时间，然后随炉冷却至室温，这一热处理工艺方法称为退火。

退火的目的：

1）降低钢的硬度，提高塑性，有利于切削加工。

2）细化晶粒，均匀钢的组织，改善钢的性能，为以后的热处理做准备。

3）消除钢中的残余应力，以防止工件变形或开裂。

根据钢的成分及退火的目的不同，常用的退火方法有完全退火、球化退火、去应力退火、再结晶退火。常用退火方法及应用见表1-3。

表 1-3 常用退火方法及应用

类别	主要目的	应用范围
完全退火	细化组织，降低硬度，改善切削加工性能，去除内应力	中碳钢、中碳合金钢的铸、轧、锻、焊件等
球化退火	降低硬度，改善切削加工性能，改善组织，为淬火做准备	碳素工具钢、合金钢等，在锻压加工后，必须进行球化退火
去应力退火	消除内应力，防止变形开裂	铸、锻、轧、焊件与机械加工件等
再结晶退火	工件经过一定量的冷塑变形（如冲压和冷轧等）后，产生加工硬化现象及残余应力，经过再结晶退火后，消除加工硬化现象和残余应力，提高塑性	冷形变钢材（如冷拉、冷轧、冲压等）和零件

2. 正火

正火是将钢加热至 Ac_3 或 Ac_{cm} 以上 40~60℃，达到完全奥氏体化温度后，保温一段时间出炉空冷或喷水、喷雾、吹风冷却的热处理工艺方法。

正火的目的与退火基本相同，因在空气中冷却，所以设备利用率高，生产效率高。低、中碳钢一般采用正火而不采用退火。

3. 淬火

淬火是将钢加热到亚共析钢的临界点温度或过共析钢的临界点温度以上的某一温度，保温一段时间，使之全部或部分奥氏体化，然后快速冷却进行马氏体（或贝氏体）转变的热处理工艺方法。其目的是提高钢的强度、硬度、耐磨性及其他力学性能。

4. 回火

回火是工件淬硬后加热到低于下临界点温度以下的某一温度，保温一定时间，然后冷却到室温的热处理工艺方法。

回火是淬火的后续步骤，经淬火的钢件应及时进行回火处理。

回火的目的如下：

1）按不同的要求，获得所需要的组织和性能，使钢件除了具有高的强度、硬度和耐磨性外，还具有所需要的塑性和韧性等。

2）消除钢件在淬火时所产生的应力和回火中的组织转变产生的内应力。

3）稳定组织和尺寸。

回火的种类如下：

1）低温回火，目的是降低内应力和脆性，保持钢淬火后的高硬度和高耐磨性。

2）中温回火，目的是提高弹性和强度，获得较好的韧性。

3）高温回火，目的是获得强度、塑性、韧性都较高的综合力学性能。

5. 调质

调质是将钢件进行淬火及高温回火的热处理工艺方法。其主要目的是得到良好的综合力学性能（足够的强度与高韧性）。

6. 时效处理

时效处理是指合金钢件经固溶处理（把钢加热到高温，使各种合金元素溶入奥氏体中，完成奥氏体化后淬火获得马氏体组织）后，在室温或稍高于室温的适当温度下保温，以达到沉淀硬化的目的。经时效处理的钢件，硬度和强度有所增加，而塑性、韧性和内应力有所下降。

1.3.2 表面热处理

表面热处理是通过对钢件表层加热而改变钢件表层力学性能的金属热处理工艺，包括表面淬火、渗碳、渗氮、渗硼、多元共渗等。

1. 表面淬火

根据加热方法不同，表面淬火可分为高频表面淬火、火焰淬火、接触电阻加热淬火、电解液淬火、激光淬火、电子束淬火等。表面淬火的目的是为了钢件表层有坚硬耐磨的组织，而心部保持原来组织不变。

2. 渗碳

渗碳是使碳原子渗入到钢件表层的化学热处理工艺。渗碳能使低碳钢的工件具有高碳钢高硬度和良好耐磨性的表层，而工件心部仍然保持低碳钢的韧性和塑性。

3. 渗氮

渗氮是使氮原子渗入到钢件表层的化学热处理工艺，以提高表层的硬度、耐磨性、疲劳强度及耐蚀性等。

4. 多元共渗

多元共渗是将气体分解产生的多种元素渗入钢件表层的化学热处理工艺。可根据钢件的不同性能要求，通过调整气体中元素的种类与含量来调整钢件表层的成分与结构。

1.3.3 模具钢热处理时的注意事项

模具钢进行热处理时应注意如下几点：

1）模具钢价格较昂贵，模具零件加工复杂，制造成本高，周期长，不宜返修，所以制定工艺和操作时应十分慎重，应采用科学合理的热处理方法，在保证钢件热处理质量的前提下确保生产安全，降低成本。

2）在模具的类型、结构、尺寸、形状、应用场合、生产批量等诸多因素中，每一个因素的改变，都可能改变热处理工艺方法。

3）模具钢中合金元素品种多，合金化较复杂，因此多数情况下采用预备热处理方式。

4）淬火时最好采用较缓和的冷却方式，如等温淬火、分级淬火、空冷淬火等。

5）为提高钢的表面质量，应慎重合理地选择加热介质。一般采用真空炉等先进加热设备，盐浴加热应充分净化。

6）盐浴处理后应及时清理，并重视工序之间的防护工作。

1.4 模具材料的检测

模具材料的检测主要在热处理后和机械加工之前进行。模具材料经热处理后应有硬度检查、变形检查、外观检查、金相检查、力学性能检查等项目，确保热处理的质量；在模具零件进入粗加工之前，应对毛坯的宏观缺陷和内部缺陷进行检测，确保毛坯质量；对一些重要模具，还应检测材料的材质，以防止不合格材料进入下道工序。模具热处理检查内容及要求见表1-4。

表1-4　模具热处理检查内容及要求

检查内容	技术要求及方法
硬度检查	1）硬度检查应在零件的有效工作部位进行 2）硬度值应符合图纸要求 3）检查时，应按硬度试验的有关规程进行 4）硬度检查不应在表面质量要求较高的部位进行
变形检查	1）模具零件热处理后的尺寸应在图纸及工艺规定范围之内 2）若零件有两次留磨余量，应保证变形量小于磨量的1/2 3）表面氧化脱碳层不得超过加工余量的1/3 4）模具的基准面一般应保证平面度小于0.02mm 5）对于级进模（连续模）各孔距、步距变形应保证在±0.01mm范围内
金相检查	主要检查零件化学处理后的层深、脆性或内部组织状况
外观检查	模具热处理后不允许有裂纹、烧伤和明显的腐蚀痕迹

1.5 模具标准化及标准件

1. 我国模具标准化及标准件的现状

模具标准化是指模具中许多零件的形状和尺寸以及各种典型组合和典型结构符合国家统一规定的标准系列，同类同型号零件具有互换性。如螺钉、销钉和垫圈等普通标准件均可在市场上销售和购买。模具标准件也和普通标准件一样，可根据具体情况进行销售和购买。

工业发达的国家对模具标准化工作都十分重视，如美国、德国、日本等，这些国家的模具标准化工作已有近百年的历史，模具标准的制定和修订，模具标准件的生产和供应，已形成了一个完整体系。发达国家的模具标准化程度一般在 70% 以上，其中中小模具标准化程度在 80% 以上。而我国模具标准化程度为 30%~35%，模具标准件的生产与供应能力还比较低，与发达国家的差距还很大。20 世纪 80 年代后期，我国模具工业驶入发展的快车道。近几年，我国对模具标准件的研究、开发和生产全面深入展开，无论是产品类型、品种、规格，还是产品的技术性能和质量水平都有明显的提高。

2. 模具标准化的意义

1）模具的标准化程度和应用水平是衡量一个国家模具工业水平的重要标志。

2）模具标准化可以促使模具工业的发展，促进技术的交流。

3）模具标准化可实现模具零件商品化，缩短模具的制造周期。据有关统计资料表明：采用模具标准件可使企业的模具加工工时节约 25%~45%，模具生产周期缩短 30%~40%。

4）模具标准化可提高模具质量，降低成本。

5）模具标准化可提高企业的市场快速应变能力和竞争能力。

6）模具标准化可实现模具专业化生产和现代化管理。

7）模具标准化有利于加强我国模具业的国际贸易和区域贸易。

3. 模具标准件示例

表 1-5 中列出了冲压模的标准模架和部分标准件，表 1-6 中列出了塑料模的标准模架和部分标准件。

表 1-5 冲压模标准模架和部分标准件

序号	名称	图 例
1	标准模架（由上模座、下模座、导套、导柱、弹簧等零件组成）	

（续）

序号	名称	图　例
2	凸模（普通形状的凸模通常制成标准件）	
3	凹模（普通形状的凹模通常制成标准件）	
4	导正销	

表 1-6　塑料模标准模架和部分标准件

序号	名称	图　例
1	标准模架	

（续）

序号	名称	图　例
2	圆推杆	
3	扁推杆	
4	型芯	
5	导向件	

（续）

序号	名称	图　例
6	浇口套	

1.6　模具技术的发展趋势

1）模具的计算机辅助设计、制造与分析（CAD/CAM/CAE）向集成化、智能化和网络化的方向发展。

① 模具软件功能的集成化是指对模具设计、制造、装配、检验、测试及生产管理的全过程实现信息的综合管理与共享，从而达到实现最佳效益的目的。

② 模具软件功能的智能化是指在先进设计理论的指导下，运用新一代模具软件对复杂曲面零件进行计算机模拟和有限元分析，预测某一工艺方案对零件成形的可能性与成形过程中将会发生的问题，供设计人员进行修改和选择。通过人工智能的方法实现设计的合理性和先进性，克服设计人员和工艺人员的经验局限，将传统的经验设计提升为优化设计，缩短模具设计与制造周期，节省昂贵的试模费用。

③ 模具软件应用的网络化趋势是指 CAD/CAM/CAE 技术能够跨地区、跨行业、跨院所进行推广和应用，实现技术资源的重新整合，实现虚拟设计、敏捷制造。

2）模具加工工艺向使模具制件的质量更高、加工速度更快的方向发展。对于一些新材料和具有特殊要求的制件，传统方法已不再适用，必须使用新的方法和工艺，如精密冲裁工艺、液压拉深工艺、电磁成形工艺、超塑成形工艺、动力熔融成型工艺、气体辅助注射成型工艺、高压注射成型工艺、塑料模的反应注射成型工艺、多品种的共注射成型工艺、软模成型工艺、高能高效成型工艺及无模多点成型工艺等。

3）模具生产向自动化、高效化、多功能化的方向发展。为了满足大量生产的需要，模具生产正向自动化发展。例如利用高速压力机和精密级进模实现单机自动生产，利用多机联合生产线实现大型零件的生产，能极大地减轻工人的劳动强度，提高生产率。目前模具生产已逐渐向柔性制造单元和柔性制造系统发展。

模具研磨抛光向自动化、智能化、多样化方向发展。模具的表面质量对模具外观质量和模具使用寿命等方面有着较大的影响。模具表面的精加工是模具加工中的难题之一。采用手工研磨抛光，劳动强度大，效率低，且模具表面质量不稳定，制约了我国模具加工向高层次方向发展，因此实现研磨抛光的自动化、智能化是提高模具表面质量的有效手段。另外，由于模具型腔形状复杂，采用特种研磨和抛光，如挤压研磨、电化学抛光、超声波抛光及复合抛光等模具精加工工艺，可以达到模具表面质量的要求。

4）模具生产向进一步降低模具成本，提高模具精度的方向发展。模具采用标准化后，模具的设计和制造只需要专注于非标准件和成形零件（凸模和凹模），标准件可直接购买，模具设计和制造的周期将显著缩短，同时还能有效地提高模具的精度，降低成本。近年来，我国冲压模的标准化程度有了较大提高，但提高的速度和专业化程度还远远满足不了社会的需求和模具工业发展的要求，标准件的品种和规格较少，标准件的质量也有待提高。

5）模具新材料的开发和利用向使模具能够满足精密、复杂和长寿命要求的方向发展。具有较高的韧性、耐磨性、耐蚀性和耐热性的高合金工具钢，基本满足了模具成形要求。另外，硬质合金、陶瓷材料及复合材料等也得到了很好的发展。许多新钢种的硬度可达 58～70HRC，而变形只为普通工具钢的 1/5～1/2。如我国研制的 65Nb、LD、CD 等新钢种，热加工性能好，热处理变形小，冲击韧性好。有些受力不大的模具零件，其材料可采用工程塑料，实现"以塑代钢"，或者采用塑料中填充金属等方法制成。

6）模具的型式向多功能复合模具的方向发展。新型多功能复合模具除了用于冲压成形零件外，还担负叠压、攻螺纹、铆接和锁紧等组装任务，对钢材的性能要求也越来越高。多功能级进模不仅可以完成冲压全过程，还可以完成焊接、装配等工序。我国已自行设计制造了精密多功能级进模，如铁心精密多功能级进模已达到国际水平。

7）模具向大型化的方向发展。由于模具成形的零件日趋大型化，以及为满足高生产率要求而发展的"一模多腔"，使模具日趋大型化。

8）模具设计与制造技术向快速成型技术方向转变。快速经济制模技术的应用是赢得市场竞争的有效方法之一。与传统的模具加工技术相比，快速经济制模技术具有制模周期短、成本较低的特点，是综合经济效益较好的模具制造技术。快速成型制造技术（RPM）是近年来制造技术领域的一次重大突破。它是集 CAD 技术、数控技术、材料科学、机械工程、电子技术、激光技术等于一体的新技术，是当前比较先进的模具成型方法之一。利用 RPM 技术快速成型三维原型后，通过陶瓷精铸、电弧涂镀、消失模、熔模等技术可快速制造模具。未来，快速成型技术将会进一步开发、提高和应用。

思 考 与 练 习

1. 模具产品有哪些特点？

2. 简述模具的地位和作用。

3. 试举例说明模具技术在五个行业中的应用。

4. 模具有哪些种类？

5. 何谓冲压模？冲压模与冲裁模有何关系？

6. 何谓型腔模？

7. 按工艺性质分，冲压模可分为哪几类？并简述各模具的主要特点。

8. 按照工序组合程度分，冲压模可分为哪几类？简述各类模具的主要特点。

9. 按照导向方式分，冲压模可分为哪几类？简述各类模具的主要特点。

10. 按照模具结构尺寸分，冲压模可分为哪几类？

11. 按照专业化程度分，冲压模可分为哪几类？简述各类模具的主要特点。

12. 按照凸模和凹模所用材料分，冲压模可分为哪几类？

13. 简述常用冲裁模的功能。

14. 塑料模通常有哪几大类？

15. 按工艺性质分，塑料模可分为哪几类？

16. 简述常用塑料模的功能。

17. 试述模具的制造特点。

18. 简述常用模具材料及其性能。

19. 简述模具材料的选用原则。

20. 简述普通热处理的作用。

21. 简述表面热处理的作用。

22. 简述模具钢热处理时的注意事项。

23. 模具材料检测有哪些内容？

24. 简述模具技术的发展趋势。

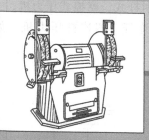

第2章

常用成形设备

模具的种类很多，其成形设备也多种多样并且各具特色。本章将对模具成形过程中常用的成形设备进行介绍。

2.1 常用冲压成形设备

冲压是材料压力加工或塑性加工的主要方法之一。冲压成形设备是指对金属薄板进行冲压成形，从而获得模具产品所采用的加工设备。冲压成形设备在材料成形过程中被广泛使用，而使用最多的是压力机。

2.1.1 冲压成形设备的分类

冲压成形设备的种类很多，以适应不同的冲压工艺要求。冲压成形设备可按照如下几种方式进行分类：

（1）按照驱动滑块的动力分类　冲压成形设备可分为机械式、液压式、气动式。

（2）按照滑块的数量分类　冲压成形设备可分为单动、双动、三动压力机，如图2-1所

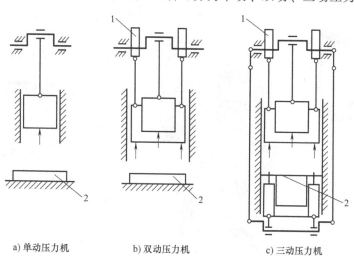

a) 单动压力机　　　b) 双动压力机　　　c) 三动压力机

图 2-1　压力机按滑块数量分类示意图
1—凸轮　2—工作台

示。目前使用最多的是单动压力机，双动压力机和三动压力机主要用于拉深工艺。

（3）按照滑块驱动机构分类　冲压成形设备可分为曲柄式、肘杆式、摩擦式压力机。

（4）按照连杆数量分类　冲压成形设备可分为单连杆、双连杆、四连杆压力机，如图2-2所示。

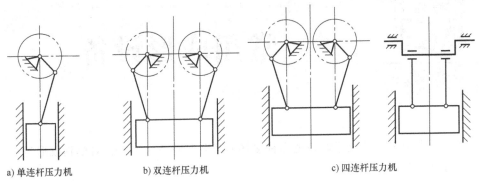

　　　a) 单连杆压力机　　　　　b) 双连杆压力机　　　　　c) 四连杆压力机

图2-2　压力机按连杆数量分类示意图

（5）按照机身结构分类　冲压成形设备可分为开式、闭式压力机。

开式压力机的机身形状类似于英文字母"C"，如图2-3所示，其机身工作区域三面敞开，操作空间大，但机身刚度差，压力机在大负荷下易产生角变形，影响冲压件精度及压力机精度，所以这类压力机的公称压力比较小，一般在3000kN以下。

闭式压力机的机身左右两侧是封闭的，如图2-4所示，只能从压力机的前后两个方向进料，操作空间较小，维修不太方便，但因机身形状构成一个框架，刚度好，精度高，易于保证冲压件的精度，所以压力超过3500kN以上的大、中型压力机，几乎都采用此种结构型式。

① 开式压力机可分为单柱式压力机和双柱式压力机。

开式单柱式压力机的机身后壁只有一个立柱，如图2-5所示。双柱式压力机的机身后壁有开口，形成两个立柱，如图2-3所示。双柱式压力机可实现前后进料和左右进料两种进料方式。

 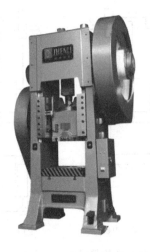 

　　图2-3　开式压力机　　　　图2-4　闭式压力机　　　　图2-5　开式单柱式压力机

② 开式压力机按照工作台结构可分为倾斜式、固定式和升降式。

2.1.2　冲压成形设备的代号

冲压设备属于锻压机械。我国锻压机械的分类和代号见表 2-1。

表 2-1　锻压机械的分类和代号

序号	类别名称	汉语简称	拼音代号	序号	类别名称	汉语简称	拼音代号
1	机械压力机	机	J	5	锻机	锻	D
2	液压机	液	Y	6	剪切与切割机	切	Q
3	自动锻压机	自	Z	7	弯曲矫正机	弯	W
4	锤	锤	C	8	其他	他	T

按照锻压机械型号编制方法（GB/T 28761—2012）的规定，通用压力机的型号是由锻压机械的类代号、主参数、结构特征及工艺用途的代号等组成，分别用汉语拼音正楷大写字母和阿拉伯数字表示。具体表示方法如下：

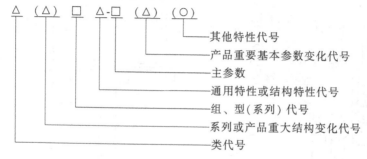

说明如下：

1) 有"（ ）"的代号，如无内容时则不表示，有内容时无括号。

2) "△"符号表示为汉语拼音正楷大写字母。

3) "□"符号表示为阿拉伯数字。

4) "○"符号表示为汉语拼音正楷大写字母或阿拉伯数字。

例如，1000kN/3200mm 五轴数控液压板料折弯机的型号表示为 W67KY-100/3200L5。

2.1.3　典型冲压成形设备的组成与工作原理简介

实际生产中，应用最广的冲压成形设备有曲柄压力机、双动拉深压力机、螺旋压力机和液压机等。这里就以曲柄压力机为例来介绍典型冲压设备的结构与工作原理。

1. 通用曲柄压力机的组成

通用曲柄压力机一般由工作机构、传动系统、操纵系统、能源系统、支承部件、辅助装置和附属系统等组成，如图 2-6 所示。

（1）工作机构　一般为曲柄滑块机构，由曲轴、连杆、滑块、导轨等零件组成，其作用是将曲柄的旋转运动转变为滑块的往复直线运动，再由滑块带动上模部分工作。

（2）传动系统　包括带传动和齿轮传动等机构，其作用是进行能量传递和速度转换，将电动机的能量传递给工作机构，同时将电动机的高转速变为工作转速，以便获得冲压工艺所需的行程次数。

（3）操纵系统　包括离合器、制动器等部件，用来控制压力机工作机构的工作和停止。

（4）能源系统　包括电动机、飞轮等。电动机提供动力源，飞轮起储存和释放能量的作用。飞轮将电动机空程运转时的能量储存起来，在冲压时再将其释放出来。

（5）支承部件　包括底座、机身等，其作用是连接和固定压力机所有的零部件和机构，保证它们的相对位置和工作关系，工作时承受所有的工作变形力和各个部件的重力。

（6）辅助装置和附属系统　包括保护装置、滑块平衡装置、顶出装置、润滑系统、气路及电气控制系统、安全装置等。

2. 曲柄压力机的工作原理

尽管曲柄压力机类型很多，但其工作原理和基本组成是相同的。开式双柱可倾式曲柄压力机的工作原理如图 2-7 所示。

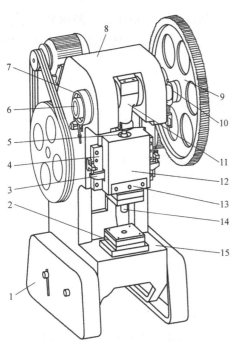

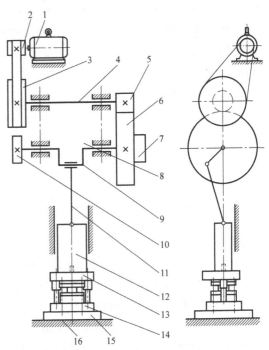

图 2-6　通用曲柄压力机的结构

1—底座　2—模具下模部分　3—横杆　4—导轨
5—调节螺杆　6—曲轴　7—制动器　8—机身
9—大齿轮（兼作飞轮）　10—离合器　11—连杆
12—滑块　13—压块　14—模具上模部分　15—工作台

图 2-7　开式双柱可倾式曲柄压力机的工作原理示意图

1—电动机　2—小带轮　3—大带轮　4—中间传动轴
5—小齿轮　6—大齿轮　7—离合器　8—机身
9—曲轴　10—制动器　11—连杆　12—滑块
13—上模　14—下模　15—垫板　16—工作台

电动机 1 的能量和运动通过带轮 2 和 3 传递给中间传动轴 4，再由齿轮 5 和 6 传递给曲轴 9，经连杆 11 带动滑块 12 做上下直线运动。因此，曲轴 9 的旋转运动通过连杆 11 转变为滑块 12 的往复直线运动。模具上模 13 通常固定在压力机滑块 12 上，随滑块同步运动，下模 14 固定在压力机垫板 15 上静止不动。压力机工作时，滑块带动模具上模 13 对放在上、下模之间的板料进行冲压，从而加工出制件。

离合器 7 和制动器 10 控制滑块的间歇运动或连续运动。为了使电动机的负荷均匀并有效地利用能量，通常在传动轴的端部安装飞轮，在压力机冲压时将储存的能量释放出来，如此周而复始。在图 2-7 所示的结构中，大带轮 3 和大齿轮 6 就兼起飞轮的作用。

3. 曲柄压力机的主要技术参数

压力机的技术参数反映了压力机的工艺能力、应用范围及生产率等指标，同时也是选择、使用压力机和设计模具的重要依据。

（1）标称压力 F_g 及标称压力行程 s_g 曲柄压力机的标称压力（或称额定压力）F_g 是指滑块到达下止点前某一特定距离之内所允许承受的最大压力。滑块到达下止点前某一特定距离称为标称压力行程（或额定压力行程）s_g。标称压力行程对应的曲轴转角称为标称压力角（或称额定压力角）α_g。例如，J31-400 压力机的标称压力为 4000kN，标称压力行程为 13.2mm，即指该压力机的滑块在离下止点前 13.2mm 之内，允许承受的最大压力为 4000kN。

标称压力是压力机的主要技术参数。我国生产的压力机的标称压力已经系列化，如 160kN、200kN、250kN、315kN、400kN、500kN、630kN、800kN、1000kN、1600kN、2500kN、3150kN、4000kN、6300kN 等。

（2）滑块行程 如图 2-8 中的 s，它是指滑块从上止点到下止点所经过的距离，它是曲柄半径的 2 倍，或是偏心齿轮、偏心轴销偏心距的 2 倍。它的大小随工艺用途和标称压力的不同而不同，也反映压力机的工作范围。选用压力机时，应使滑块行程长些，这样可生产尺寸较大的制件，但压力机曲柄等一系列尺寸也会随之增大，设备成本增高。所以，选择压力机的滑块行程时，要兼顾制件的高度和厚度、冲压时送料和取件的操作空间、压力大小、模具使用寿命等诸多因素。目前，有些压力机的滑块行程是可调节的。

（3）滑块行程次数 n 滑块行程次数 n 是指滑块每分钟从上止点到下止点，然后再回到上止点的往复次数。如果是连续作业，滑块行程次数 n 就是每分钟生产制件的数量。滑块行程次数越多，压力机的生产率越高。滑块行程可

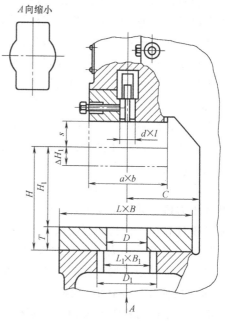

图 2-8 压力机基本参数

以是单动也可以是连续动作，在连续动作时，通常认为当 n 大于 30 次/min 时，人工送料就很难配合好。因此，滑块行程次数高的压力机只有安装自动送料装置才能充分发挥工作效能。一般小件加工，n 为 60~100 次/min。拉深成形时，滑块行程次数越多，材料成形速度越快，塑性较差的材料易出现变形或破裂等缺陷。所以，应综合考虑各方面因素，慎重选择压力机的滑块行程次数。目前，有些高档压力机的滑块行程次数可调。

（4）最大装模高度 H_1 及装模高度调节量 ΔH_1 装模高度是指滑块在下止点时，滑块下表面到工作台垫板上表面的距离。当装模高度调节装置将滑块调整到最高位置时，装模高度达到最大值，称为最大装模高度，如图 2-8 所示的 H_1。滑块调整到最低位置时，得到最小装模高度。装模高度调节装置所能调节的距离，称为装模高度调节量 ΔH_1。

模具闭合高度 H 应该处于最小装模高度与最大装模高度之间。与装模高度并行的参数尚有模具闭合高度。所谓模具闭合高度 H 是指滑块在下止点时,滑块下表面到工作台上表面的距离,它和最大装模高度 H_1 之差等于工作台垫板的厚度 T。压力机的最大装模高度 H_1 和模具闭合高度均表示允许安装模具的高度尺寸范围,是模具设计时考虑的重要工艺参数之一。

若装模高度增大,压力机的高度和体积也要增大,成本升高。装模高度调节量越大,连杆长度越长,刚度越差。因此,选择压力机时不能单纯追求大尺寸,应根据使用要求,科学合理地选择。

(5) 工作台顶面尺寸 $L \times B$ 和滑块底面尺寸 $a \times b$ 工作台顶面尺寸 $L \times B$ 和滑块底面尺寸 $a \times b$ 是指压力机工作空间的平面尺寸。工作台顶面尺寸和滑块底面尺寸直接影响所能安装模具的平面尺寸及模具的安装固定方法。通常,闭式压力机的工作台顶面尺寸和滑块底面尺寸大致相同,而开式压力机的工作台顶面尺寸一般大于滑块底面尺寸,即 $(L \times B) > (a \times b)$。为了用压板对模座进行固定,这两个尺寸应比模座尺寸大,以留出必要的加压板空间。对于小脱模力的模具,通常上模座只是用模柄固定到滑块上,则可不考虑加压板空间。如果直接用螺栓固定模座,虽不用留出加压板空间,但必须考虑工作台面及滑块底面上放螺栓的 T 形槽的大小及分布位置。另外,开式压力机所用模具的上模外形尺寸不得大于滑块底面尺寸,防止当滑块在上止点时,上模与压力机的导轨发生干涉。

(6) 工作台孔尺寸 $L_1 \times B_1$ 工作台孔用作向下出料、排废料或安装顶出装置的空间。当向下出料、排废料时,工作台孔或垫板孔(漏料孔)的尺寸应大于制件或废料尺寸。当模具需要安装弹性顶料装置时,弹性顶料装置的外形尺寸应小于工作台孔尺寸。模具下模板的外形尺寸应大于工作台孔尺寸,否则需增加附加垫板。

(7) 立柱间距 A 和喉深 C 立柱间距 A 是指双柱式压力机立柱内侧面之间的距离。对于开式压力机,其值主要关系到向后侧送料或出件机构的安装。对于闭式压力机,其值直接限制了模具和加工板料的宽度尺寸。

喉深 C 是开式压力机特有的参数,是指滑块的中心线至机身后壁的距离,如图 2-8 所示。喉深直接限制了加工件的尺寸,也会影响压力机机身的刚度。

(8) 模柄孔尺寸 $d \times l$ 模柄孔尺寸 $d \times l$ 是"直径×孔深",冲模模柄尺寸应和模柄孔尺寸相适应。大型压力机没有模柄孔,而是开设 T 形槽,用螺钉紧固上模。

2.1.4 其他冲压成形设备

为适应不同的冲压生产及工艺需要,除了经常用到曲柄压力机之外,还有双动拉深压力机、螺旋压力机、精冲压力机、高速压力机和拉深压力机等也经常被人们使用。

1. 拉深压力机

(1) 拉深压力机的类型

1) 按照主要用途分类,拉深压力机分为通用拉深压力机和专用拉深压力机。通用拉深压力机由于工作行程较短,滑块运动速度快,只适于拉深形状简单且较浅的制件。

专用拉深压力机按照滑块动作分为单动、双动和三动拉深压力机。单动拉深压力机是近年来出现的新型拉深压力机。这种压力机的生产率高,性能良好,结构简单,成本较低。双动拉深压力机用于拉深复杂零件。三动拉深压力机有三个滑块,压力机上部有一个拉深滑块和一个压边滑块，它们共用一个驱动系统，结构与双动拉深压力机相同；压力机下部有一个下拉深滑块，由另一个驱动系统控制，若不用这个滑块，则将它脱开，就成为双动拉深压力机。

2）按照驱动方式分类，拉深压力机分为机械式和液压式。

3）按照机身结构分类，拉深压力机分为开式和闭式。

4）按照滑块（内滑块）的连杆数目分类，拉深压力机分为单点、双点和四点。

5）按照传动方式分类，拉深压力机分为上传动式和下传动式。下传动式双动拉深压力机结构简单，拉深行程较长，适用于中小尺寸零件的拉深，广泛用于日用品生产。目前，生产类型最多的是上传动式双动拉深压力机。

（2）双动拉深压力机　双动拉深压力机是具有双连杆、双滑块的压力机。它包含一个外滑块和一个内滑块。外滑块用于压边，故又称压边滑块；内滑块用于拉深，故又称拉深滑块。图 2-9 所示为双动拉深压力机的结构示意图。

双动拉深压力机特别适合于拉深成形形状复杂的大型薄板件或薄筒形件。

1）双动拉深压力机工作原理，如图 2-9 所示，外滑块 2 在机身 1 的导轨上做往复上下运动，任务是通过外滑块上的压边圈对制件（拉深件）5 的周边施加一定的压边力，并在下止点处有停顿，以便在内滑块拉深过程中，外滑块始终压紧制件的边缘，防止制件边缘起皱。内滑块 3 上安装有凸模 4，内滑块带动凸模在外滑块的导轨上做往复上下运动，用来拉深坯料或回程。凹模安装在工作台上。拉深成形后，内滑块先回程，外滑块后松开，以便使凸模从制件中抽出。随后，顶杆 7 等开始工作，将制件从凹模中取出。

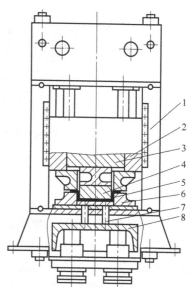

图 2-9　双动拉深压力机结构示意图
1—机身　2—外滑块　3—内滑块
4—凸模　5—制件（拉深件）
6—凹模　7—顶杆　8—拉深垫

2）双动拉深压力机的工艺特点。

① 在工作过程中，内滑块的速度在拉深时受到一定限制，速度较低。为提高内滑块回程时的非工作运动速度，在大、中型双动拉深压力机中多采用变速机构，控制内滑块的工作速度和非工作运动速度，以便减少内滑块的非工作时间，提高生产率。

② 工作时，由于工作性质的不同，外滑块的行程小于内滑块的行程。

③ 双动拉深压力机的压边刚性好且压边力可调。外滑块为箱体结构，受力后变形小，故双动拉深压力机的压边刚性好。外滑块上有四个悬挂点，可用机械或液压的调节方法调节各点的装模高度或油压，使压边力得到调节。

④ 在双动拉深压力机上，凹模固定在工作台的垫板上，因此坯料易于安放并定位。

2. 螺旋压力机

螺旋压力机的工作机构是螺旋副滑块机构。按照传动机构分类，最常见的螺旋压力机有摩擦式、电动式、液压式和离合器式。如图 2-10 所示，分别为摩擦螺旋压力机和液压螺旋压力机的结构简图。飞轮安装在螺杆的上端，而滑块安装在螺杆的下端。当飞轮带动螺杆同步旋转时，螺杆便在固定于机身横梁上的螺母中做上、下直线运动，同时带动螺杆下端的滑块沿着机身导轨做上、下直线运动。

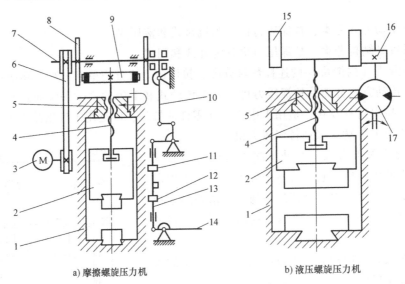

a) 摩擦螺旋压力机　　　　　　　　b) 液压螺旋压力机

图 2-10　螺旋压力机结构示意图

1—机架　2—滑块　3—电动机　4—螺杆　5—螺母　6—带及带轮　7—横轴　8—摩擦盘　9—飞轮　10—拨叉
11—上操纵板　12—下操纵板　13—杠杆　14—操纵手柄　15—大齿轮（飞轮）　16—小齿轮　17—液压马达

（1）摩擦螺旋压力机　摩擦螺旋压力机又称摩擦压力机，是以摩擦传动机构带动螺杆滑块机构工作的。如图 2-10a 所示，工作时，电动机 3 驱动带及带轮 6、横轴 7 和摩擦盘 8 转动。带轮与两个摩擦盘固定安装在横轴 7 上，可实现轴向滑动。当操纵手柄 14 扳在水平位置时，飞轮 9 的轮缘与左右摩擦盘之间均存在一定间隙，飞轮静止。当将操纵手柄 14 向下扳时，拨叉 10 将横轴 7 左拨，这样右侧的摩擦盘与飞轮 9 接触，摩擦盘的转动力矩通过摩擦传递给飞轮，飞轮与螺杆一同转动，滑块 2 便向下移动；同样原理，当将操作手柄 14 向上扳时，拨叉 10 将横轴 7 右拨，左侧的摩擦盘与飞轮接触，飞轮和螺杆反向旋转，滑块 2 便向上移动。

摩擦压力机传动机构的种类很多，但因双盘式摩擦压力机的综合性能最优，所以应用最广泛。摩擦螺旋压力机兼有锻锤和压力机双重工作特性。

（2）液压螺旋压力机　与摩擦螺旋压力机相比，液压螺旋压力机是以液压传动机构带动螺杆滑块机构工作的，即传动机构的动力是由液压马达 17 提供的。工作时，液压马达驱动小齿轮 16 转动，再由小齿轮传递给大齿轮（飞轮）15，如图 2-10b 所示。液压螺旋压力机的工作速度较高，生产率也较高，但液压传动装置成本较高，所以，目前一般液压螺旋压力机都用于较大型设备。液压螺旋压力机按照液压传动形式可分为液压缸传动式和液压马达传动式，而液压缸传动式又可以分为螺旋运动液压缸和直线运动液压缸两种。

3. 精冲压力机

精冲压力机是精密冲裁压力机的简称。图 2-11 所示为精冲压力机。精密冲裁简称精冲，是在普通冲裁工艺的基础上发展起来的一种先进的冲压工艺。精密冲裁是通过提高模具导向精度，减小凸、凹模间隙，增加反向压力和采用齿圈压板等工艺措施，在三向压力紧密配合的条件下，实现精密冲裁或精密冲裁与其他成形工艺复合的工艺方法。

图 2-11　精冲压力机

（1）精密冲裁的工作原理　精密冲裁时，如图 2-12a 所示，首先由齿圈压板 2 对被冲板料 3 施加压力 $F_{齿}$，同时，反压顶杆 4 的压力 $F_{反}$ 与齿圈压料力 $F_{齿}$ 作用方向相反，两个力共同作用将板料压紧。板料因受齿圈压料力 $F_{齿}$、反向顶杆力 $F_{反}$ 和冲裁力 $F_{冲}$ 这三个力的作用，其变形区处于三向压应力状态。完成冲裁时，齿圈压料力 $F_{齿}$ 和反向顶杆力 $F_{反}$ 依然继续夹紧板料，直到冲压结束凸模回程。卸料时，如图 2-12b 所示，齿圈压板 2 产生的卸料力 $F_{卸}$ 和反压顶杆产生的顶件力 $F_{顶}$ 先后起作用，在不同时间分别完成卸料和顶件。

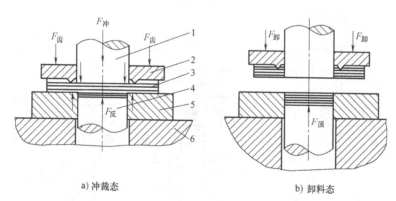

a) 冲裁态　　　　　　　　　　　　b) 卸料态

图 2-12　齿圈压板精密冲裁简图

1—凸模　2—齿圈压板　3—被冲板料　4—反压顶杆　5—凹模　6—下模座

$F_{冲}$—冲裁力　$F_{齿}$—齿圈压料力　$F_{反}$—反向顶杆力　$F_{卸}$—卸料力　$F_{顶}$—顶件力

（2）精密冲裁应满足的条件

1）滑块导向精度要求高，导轨接触刚度好。精密冲裁模的冲裁间隙非常小，一般单边间隙仅仅是板料厚度的 0.5%。滑块导向精度高，可有效保证精密冲裁时上、下模的对准位置，精确度高，偏移误差小。同时，导轨要有足够的接触刚度，当滑块偏心时对导轨产生的偏移力不会影响导向精度。

2）压力机刚度好。

3）凸、凹模的间隙小。凸、凹模的间隙适当减小，冲裁时可有效提高剪切面的精度。一般精密冲裁完成后，冲裁件的表面粗糙度 Ra 值为 $0.8 \sim 3.2\mu m$，尺寸公差可达 IT8 级。

4）冲裁速度低，且可调整。冲裁速度过高将降低剪切面质量和模具寿命，因此精密冲裁要求限制冲裁速度。精冲压力机的冲裁速度在额定范围内可无级调节，以保证冲压平稳可靠，适应不同厚度和材质的工件的冲裁要求。

5）使用增加反向压力和采用齿圈压板等工艺措施，使三向压应力紧密配合。

6）有可靠的保护装置和辅助装置。精冲压力机有较完善的保护装置和辅助装置，以确保冲裁精度，实现单机自动化。

7）精冲压力机的电动机功率比通用压力机的电动机功率大。

（3）精冲压力机的辅助装置 精冲压力机的辅助装置主要包括模具保护装置、自动送料和废料切断装置以及工件排除装置。

1）模具保护装置。精冲压力机在冲压时，有时工件或废料会停留在模具工作区内，导致连续冲压时模具损坏，因此必须采取保护措施。有两种不同的保护方法。一是通过控制滑块距工作台面的距离来实现模具保护；二是控制压力来达到保护模具的目的。图 2-13 所示为控制行程的模具保护装置的工作原理。其中，图 2-13a 为微动开关 B、C 在 A 之后动作（正常工作），图 2-13b 为微动开关 C 在 A 之前动作（滑块回程），图 2-13c 为微动开关 B 在 A 之前动作（滑块回程）。该装置采用浮动压边活塞和反压活塞来控制 A、B、C 三个微动开关的动作顺序，以达到保护模具的目的。即使有很微小的飞边卡住浮动活塞，保护装置都能灵敏地做出反应。

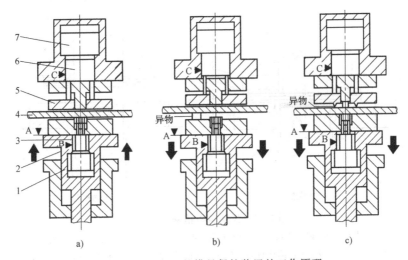

图 2-13　控制行程的模具保护装置的工作原理

1—反压活塞　2—滑块　3—浮动反压活塞　4—被冲板料　5—齿圈压板　6—浮动压边活塞　7—压边活塞

2）自动送料和废料切断装置。精冲压力机上常用的自动送料装置有两种形式：辊轴式和夹钳式。其驱动方式有气动式、摆动液压缸、液压电动机和电液步进电动机等。气动夹钳式只适用于短步距送料，而辊轴式送料步距范围大。用电液步进电动机驱动的辊轴送料装置，不仅范围大，而且送料精度可高达 0.1mm。

3）工件排除装置。精密冲裁结束后，工件和废料都被顶出到上、下模的工作空间中，必须迅速排除。小工件或小余料用压缩空气吹料喷嘴吹出。吹料喷嘴的位置、方向及喷吹时间都可以调节。压力机工作台前方左右两侧都有压缩空气接头座，供同时快速装接几个吹料喷嘴。

大工件一般用机械手取出。机械手装在压力机的后侧，由压缩空气驱动，动作迅速。滑块回程时，机械手迅速进入模具工作空间，工件顶出后，即被它从压力机后侧取出。

4. 高速压力机

高速压力机是指在滑块行程次数相同的情况下公称压力为普通压力机的 5~10 倍的压力机。高速压力机是为了适应超大批量的冲压生产需要而发展起来的。20 世纪 60 年代以来，高速压力机迅速发展，滑块行程次数从几百次上升到上千次。目前，高速压力机主要用于电子仪器仪表、轻工、汽车等行业中超大批量的冲压件生产。随着模具技术和冲压技术的发展，高速压力机的应用范围将不断地扩大。

高速压力机必须配备各种自动送料装置才能达到高速的目的。图 2-14 所示为高速压力机及其辅助装置的结构简图。卷料 2 从开卷机 1 开始，经过校平机构 3、供料缓冲机构 4，到达送料机构 5，最后进入高速压力机 6 中，完成冲压工艺。

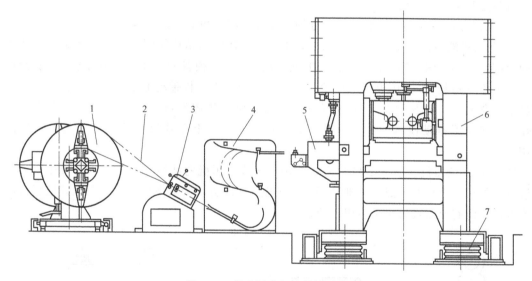

图 2-14 高速压力机及其辅助装置

1—开卷机 2—卷料 3—校平机构 4—供料缓冲机构 5—送料机构 6—高速压力机 7—弹性支承

按照压力机的连杆数目分类，高速压力机可分为单点式和双点式。按照压力机的机身结构分类，高速压力机可分为开式、闭式和四柱式。按照压力机的工艺用途分类，高速压力机可分为两类：一类用于冲裁，其行程很小，行程次数很高；另一类可以用于冲裁、成形和浅拉深等，其行程大于第一类，但行程次数相应小一些。按照压力机传动系统的布置形式分类，高速压力机可分为上传动和下传动。

5. 液压机

液压机是成形生产中应用较广的一种设备，被广泛用于锻压、冲压、挤压、剪切、拉拔成形及塑性成形等工艺中，所用材料可以是金属、塑料、粉末冶金、橡胶等。

（1）液压机的工作原理 液压机是一种以液体为工作介质，利用液体的压力来传递能量以实现各种压力加工工艺的设备，是根据静态下密闭容器中液体压力等值传递的帕斯卡原理制成的，其工作原理如图 2-15 所示。

两个充满工作液体的容腔由管道相连。小柱塞 1 上的作用力和工作面积分别为 F_1 和 A_1，其所受到的液体压力为 $P = \dfrac{F_1}{A_1}$。根据帕斯卡原理，则 $F_2 = F_1 \dfrac{A_2}{A_1} = PA_2$，就是说，液压机能利用小柱塞 1 上较小的作用力 F_1，在大柱塞 2 上产生很大的作用力 F_2。由上述公式可以看出，液压机的总压力取决于工作柱塞的面积和柱塞所受液体压力 P 的大小。因此，可通过提高液体压力 P 或者增大工作柱塞面积 A_2 的方法获得较大的总压力。

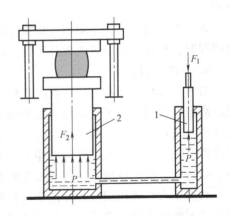

图 2-15　液压机的工作原理
1—小柱塞　2—大柱塞

（2）液压机的种类　液压机的种类很多，冲压液压机只是其中的一类设备。

1）按照施压方向分类，液压机可分为上压式液压机和下压式液压机。

① 上压式液压机。图 2-16 所示为一台上压式液压机的结构简图，工作液压缸位于压力机的上部，下部是固定的工作台，施压方向为从上向下。模具的上模、下模分别安装在液压机的上压板（滑块）、下压板（工作台）上。工作时，上压板带动上模向下运动，此行程为模具的工作行程。液压机的工作台下设有机械或液压顶出系统，模具开模后，顶出系统工作，顶杆上升推动模具的推出机构工作，推出制件。上压式液压机使用方便，被广泛使用。

② 下压式液压机。如图 2-17 所示为常用下压式液压机的结构简图。下压式液压机的工作液压缸位于压力机的下部，上部是固定的压板，施压方向为从下向上。因下压式液压机操作不方便，没有上压式液压机应用广泛。

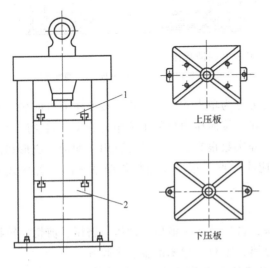

图 2-16　Y71-100 型上压式液压机的结构简图
1—上压板　2—下压板

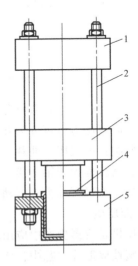

图 2-17　常用下压式液压机的结构简图
1—上横梁　2—立柱　3—活动横梁
4—工作液压缸　5—下横梁

2）按照机身结构分类，液压机可分为框式液压机和柱式液压机。

① 框式液压机。图 2-16 所示为框式液压机的结构简图。框式液压机的框架可通过浇注或焊接而成。

② 柱式液压机。图 2-17 所示为柱式液压机的结构简图。小型柱式液压机为三柱式的，大型柱式液压机为四柱式的。

3）按照功能分类，液压机可分为单动冲压液压机、双动拉深液压机和通用液压机等。

图 2-18 所示为单动冲压液压机，图 2-19 所示为双动拉深液压机。

图 2-18　单动冲压液压机

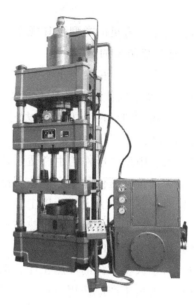

图 2-19　双动拉深液压机

单动冲压液压机适用于控制单工序冲模的冲压成形。双动拉深液压机适用于金属薄板的拉深成形，还适用于翻边、弯曲以及非金属板料的冲压成形等，因此双动拉深液压机应用更广泛。

（3）冲压液压机的特点

1）冲压液压机可提供很大的工作压力、较大的工作空间和大的工作行程，压力调节方便，工作平稳，操作简便。

2）冲压液压机的工作压力、压制速度、行程均可根据需要在规定的范围内调整。

3）双动拉深液压机具有独立的动力机构和电气系统，并采用按钮集中控制，可实现手动、半自动、自动三种操作方式，能对加工时间等进行自动控制。在半自动与自动操作方式中，存在顶出缸不顶出、正拉深及反拉深三种工作状态，可实现定压及定程两种压制方式。

4）双动拉深液压机的压边缸可做缓冲装置使用，还可用于落料与冲孔，在系统调定的压力下可以分别调整各腔的工作压力。为了保证拉深和压边质量，双动拉深液压机增设了压边缸保压系统。

2.1.5　压力机的选用

压力机的正确选用关系到其产品质量、生产率、经济成本、压力机及模具寿命等。

1. 压力机选用应注意的问题

1）应了解被加工产品的情况，如制件的几何形状和尺寸、精度要求、生产批量、采用的冲压工艺方法、工序的分配等。

2）要全面了解各类冲压设备的特点，如公称压力、精度、辅助装置及功能、装模空间、速度、滑块行程、操作空间等。

3）应能与产品的加工要求相匹配。所选用的压力机性能既不能太低，以致无法满足产品质量要求和加工要求，也不能太高，致使压力机的某些功能闲置，浪费资源，增加设备成本。

4）确定压力机的类型及其规格，并合理使用和维护保养。

2. 压力机类型的选择

1）在中小型、精度要求不高的冲压件生产中，主要选用开式压力机。开式压力机操作空间较大，便于操作，并且易于安装自动送料装置，但压力机的刚度较差，不适于重载荷、高精度制件的成形加工。闭式压力机刚度好，所以适于成形精度要求高或者重载荷的制件，但操作空间较小。

2）大、中型冲压件的生产适于选用双柱闭式压力机。

3）大批量冲压件的生产应选用高速压力机或多工位自动压力机。

4）对于需要压力大的冲压工序（如冷挤压等），应选择刚性好的闭式压力机。

5）对于校平，整形和温、热挤压工序，最好选用摩擦压力机。

6）对于薄板件的冲裁工序，最好选用导向准确的精密压力机。

7）对于大型拉深的冲压工序，最好选用双动拉深压力机。

8）大批量生产应选用高速压力机、多工位自动压力机或专用压力机。

9）对于小批量生产的大型厚板件的成形工序，多采用冲压液压机。

10）小批量生产、冲压性质多变时，宜选用通用压力机。

3. 压力机规格的选择

1）压力机的公称压力必须大于冲压工序所需的压力。

2）压力机滑块行程应满足制件取出与毛坯安放的空间要求。

3）压力机的行程次数应符合生产率、材料变形速度及模具寿命等的要求。在制件被拉深、挤压等成形过程中，塑性变形量较大，因此行程次数应少些，以确保制件质量。

4）工作台尺寸必须保证模具能正确安装到台面上。工作台边缘应超出模具底座边缘50~70mm；工作台底孔尺寸一般应大于工件或废料尺寸，以便于工件或废料从中通过。

5）压力机的闭合高度、滑块尺寸、模柄孔尺寸都应能满足模具的正确安装要求。

2.2 常用塑料成型设备

塑料成型设备是指对塑料进行模塑成型所采用的加工设备，又称塑料模塑成型设备。塑料成型设备种类很多，按照成型工艺方法不同来分类，塑料成型设备可分为注射机、挤出机、吹塑机、浇注机、中空成型机、发泡成型机、塑料液压机以及与之配套的辅助设备等，应用最广的是注射机和挤出机。这里主要介绍这两种设备。

2.2.1 注射机简介

注射机又名注射成型机，它是利用塑料模具将热塑性塑料或热固性塑料制成各种形状的塑件的主要成型设备。

1. 注射机的分类

1）按照模具合模装置的驱动方式分类，注射机可分为液压式、液压-机械式和机械式三大类。

机械式注射机工作时噪声较大，锁模力较小，开模距离有限且有振动，塑件精度较低，故现在很少使用；液压式注射机工作平稳，锁模力大，塑件精度易于保证，故应用广泛。

2）按照注射装置与合模装置的排列方式分类，注射机可分为立式、卧式和角式，见表2-2。

表2-2 注射机按照注射装置与合模装置的排列方式分类

类型	图例及特点
立式注射机	立式注射机实物图
	立式注射机结构示意图
	立式注射机的特点　立式注射机占地面积较小，其合模装置和注射装置处于同一垂直中心线上，模具可沿垂直方向打开，拆装模具较方便，嵌件易于安放，可实现嵌件全自动定位安装；进入料斗中的原料能较均匀地进行塑化，但取料困难，塑件顶出后需要用手或其他方法取出，不易实现全自动操作；机身较高，设备的稳定性、刚性较差。立式注射机适用于注射量在 $60cm^3$ 以下的小型件的注射成型

（续）

类型	图例及特点	
卧式 注射机	卧式注射机实物图	
	卧式注射机结构示意图	
	卧式注射机的特点	卧式注射机的合模装置和注射装置处于同一水平中心线上,模具可沿水平方向打开;机身低,易于操作和维修;设备重心低,工作平稳;塑件成型顶出后可利用重力作用自动落下,易于实现全自动操作。目前,多采用此种类型的注射机。大型、中型和小型模具都适用
角式 注射机	角式注射机实物图	
	角式注射机结构示意图	
	角式注射机的特点	角式注射机的注射装置与合模装置的轴线相互垂直排列(两种排列方式)。其性能介于立式注射机卧式注射机之间。角式注射机特别适合于成型中心部分不允许留有浇口痕迹或者开设侧浇口的非对称几何形状制件的成型,因为熔融塑料是沿着模具的分型面注入模具型腔的。角式注射机的占地面积比卧式注射机小

卧式注射机结构示意图中标注：合模装置、注射装置、机身

角式注射机结构示意图中标注：机身、注射装置、合模装置、合模装置、注射装置、机身

3）按照塑料在料筒的塑化方式分类，注射机可分为螺杆式和柱塞式。

卧式注射机多为螺杆式，螺杆式注射机最大注射量可达到 $60cm^3$ 以上，故可成型大型塑件。目前，卧式螺杆注射机在工厂中应用广泛。图 2-20 为卧式螺杆注射机结构示意图。

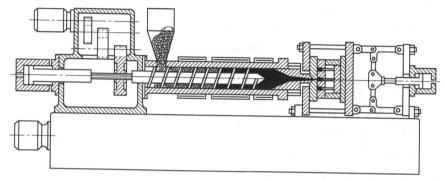

图 2-20　卧式螺杆注射机结构示意图

图 2-21 为卧式柱塞注射机结构示意图。柱塞式注射机的注射量为 $30\sim60cm^3$，不易成型流动性差、热敏性强的塑料。柱塞式注射机由于自身结构特点，在注射成型中存在着塑化不均、注射压力损失较大等问题。

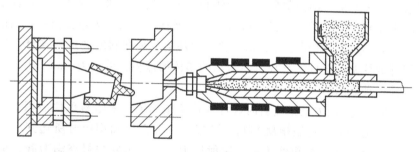

图 2-21　卧式柱塞注射机结构示意图

4）按照模具加工能力分类，注射机可分为超小型、小型、中型、大型和超大型。

超小型注射机的注射量小于 $30cm^3$，锁模力小于 400kN；小型注射机的注射量为 $30\sim500cm^3$，锁模力为 $400\sim3000kN$；中型注射机的注射量为 $500\sim2000cm^3$，锁模力为 $3000\sim6000kN$；大型和超大型注射机的注射量大于 $2000cm^3$，锁模力为 8000kN。

5）按照工作方式分类，注射机可分为自动、半自动和手动。

2. 注射机的型号及主要技术参数

（1）注射机的型号　主要有锁模力表示法、注射量与锁模力同时表示法、注射量表示法三种规格型号的表示方法。

1）锁模力表示法，是指用最大锁模力参数来表示注射机的型号规格。

例如，HTF250X1/J2 注射机：

HT——生产厂家"海天"的汉语拼音首字母；

F——标准配置机型；

250——最大锁模力为 250t（2500kN）；

X1——标准控制系统；

J2——变频泵配置。

2）合模力与注射量同时表示法，是指用理论注射容量参数与最大锁模力参数共同表示注射机的型号规格。

例如 SZ-200/1000 注射机：

SZ——类别代号，SZ 指塑料注射成型机；

200/1000——主参数理论注射量为 200cm³，最大锁模力为 1000kN。

3）注射量表示法，是用理论注射量参数来表示注射机的型号规格。

例如 XS-ZY-125A 注射机：

XS——类别代号，XS 指塑料成型机；

Z——组别代号，Z 指注射；

Y——预塑方式，Y 指螺杆预塑；

125A——主参数，理论注射容量为 125cm³，A 指设备设计序号为第一次改型。

（2）注射机的主要技术参数

1）公称注射量。公称注射量是指在对空注射的条件下，螺杆或柱塞做一次最大注射行程时，注射装置所能达到的最大注射量。公称注射量在一定程度上反映了注射机的加工能力，表明所能成型塑件的大小，故一般用来代表注射机的规格。

注射量有两种表示法，即注射质量表示法和注射容量表示法。两者均是以注射聚苯乙烯塑料作为标准来比较。注射质量是指注射机的螺杆或柱塞一次最大行程所注射出的熔体的质量，单位为 g，如 70g 等。使用这种表示方法，在注射其他塑料时要进行换算。注射容量是指注射机的螺杆或柱塞一次最大行程所注射出的熔体的体积，单位为 cm³。我国注射机规格系列标准采用前一种表示法。

2）注射压力。注射压力是指注射时螺杆或柱塞施加于熔融塑料单位面积上的压力，单位为 MPa。注射压力是为了克服熔融塑料经喷嘴、浇注系统和型腔时所遇到的一系列阻力而设置的。注射压力直接影响塑件质量。注射压力大，易于使塑料充满型腔，提高塑件质量，但过大，锁模力也随之增加，注射机和模具的寿命都会受到影响。

3）注射速率、注射时间与注射速度。注射速度是指螺杆或柱塞推出最大注射量时所能达到的最大速度，也可用注射速率或注射时间表示。在生产中，注射速度直接影响着塑件质量。注射速度过低，熔体不易充满型腔，或者产生熔接痕；注射速度过高，会产生大量摩擦热，容易卷入空气，还可使聚合物发生分解和变色。注射速度可通过控制进入注射液压缸的压力油的流量来调节。

4）额定塑化能力。额定塑化能力是指塑化装置在单位时间内所能塑化的注射量，一般以 kg/h 为单位。

5）锁模力。锁模力是指塑料熔体注入型腔后，合模装置对模具所施加的最大夹紧力。当高温高压的塑料熔体充满模具型腔进行塑化时，型腔内会产生很大的胀形力，这个力会使模具沿分型面胀开。锁模力的作用就是当熔融塑料在型腔内塑化时，使模具始终保持闭合状态。当模具闭合时，液压缸中右侧注入高压油，推动液压缸活塞向模具方向移动，锁模力将模具锁紧，如图 2-22a 所示；当模具打开时，液压缸中右侧注入低压油，推动液压缸活塞向远离模具的方向移动，开模力将模具打开，如图 2-22b 所示。

6）合模装置的基本尺寸。合模装置的基本尺寸包括模板尺寸、拉杆间距、最大模厚和

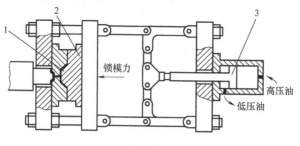

a) 模具合模状态

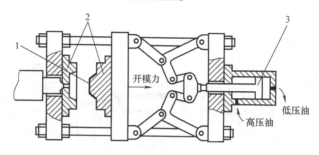

b) 模具开模状态

图 2-22　曲臂锁模机构工作示意图

1—塑件　2—模具　3—液压缸活塞

最小模厚、模板间最大距离、移动模板的行程、开模行程等。这些参数决定了注射机所用模具的尺寸范围和动作范围。

模板尺寸分别指固定模板和移动模板的最大长度尺寸和最大高度尺寸。如图 2-23 所示，移动模板的最大长度尺寸为 330mm，最大高度尺寸为 440mm。

拉杆间距是指两个拉杆之间（不包括拉杆本身）的距离。两个拉杆内距为 190mm 和 300mm。模板尺寸参数和拉杆间距参数是限制模具外形尺寸和装模方向的参数。

最大模厚和最小模厚是指注射机移动模板和固定模板之间允许安装的最大模具厚度和最小模具厚度，一般用 H_{max} 和 H_{min} 表示。若模具厚度大于最大模厚 H_{max}，模具无法安装；若模具厚度小于最小模厚 H_{min}，模具也无法安装。

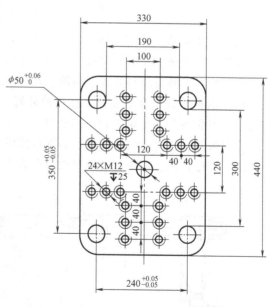

图 2-23　注射机移动模板

开模行程是指模具开模时，注射机的移动模板所能移动的最大距离。模具开模后，开模行程应能保证塑件顺利取出，因此开模行程不能太小也不能太大，应根据相关尺寸进行计算来确定。

7）合模速度和开模速度。合模速度和开模速度都要选取适当。速度太慢，生产效率低；速度太快，易损坏模具和嵌件，且不安全。

8）顶出行程和顶出力。注射机的液压顶出装置所能提供的顶出时的最大行程和最大力。

选用注射机时，注射机的公称注射量和额定塑化能力等参数应该比实际所需的大些，以保证塑料充分塑化，一般大20%左右。

3. 注射机的组成

注射机主要由注射装置、合模装置、电气控制系统和液压传动系统等组成，如图2-24所示。

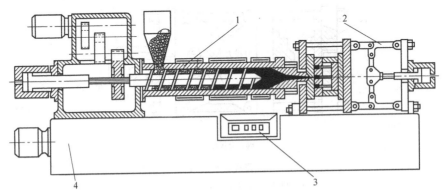

图 2-24　注射机的基本结构

1—注射装置　2—合模装置　3—电气控制系统　4—液压传动系统

（1）注射装置　注射装置是注射机最重要的一部分，其作用是使塑料均匀地熔化，并以足够的压力和速度注射到模具型腔内，然后在一定压力作用下逐渐冷却，直至形成制件。

注射装置主要由加料装置、料筒、螺杆或者柱塞、喷嘴等组成。

（2）合模装置　合模装置又称锁模装置，其作用是实现模具的闭合并锁紧，以保证注射时模具可靠地合紧及脱出制品的动作。

合模装置主要由前固定模板、后固定模板、移动模板、连接前后固定模板的拉杆、合模液压缸、连杆机构、调距装置及制件顶出装置等组成，如图2-25所示。

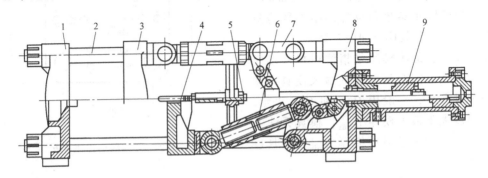

图 2-25　注射机双曲肘式合模装置

1—前固定模板　2—拉杆　3—移动模板　4—顶杆　5—顶出装置　6—调距装置

7—连杆机构　8—后固定模板　9—合模液压缸

（3）电气控制系统和液压传动系统 电气控制系统和液压传动系统的作用是保证注射机按工艺过程的动作程序和预定的工艺参数（压力、速度、温度、时间等）要求准确有效地工作。液压传动系统主要由各种液压元件和回路及其他辅助设备组成。电气控制系统则主要由各种电气元器件及仪表等组成。

2.2.2 挤出机简介

挤出成型又称为挤出模塑（挤塑）、挤压成型等，主要用于加工截面形状相同、长度尺寸较大的型材，如塑料管材、塑料棒材、塑料板材、塑料丝、塑料薄膜、电线电缆等，还可以对塑料进行塑化、混合、造粒、脱水等准备工序或半成品加工。挤出成型设备称为挤出机。

1. 挤出成型原理

挤出机的工作原理如图 2-26 所示。塑料颗粒被放入挤出机料斗 1 内，进入料筒 2，由加热器 3 加热，经过料筒内螺杆的旋转、挤压，以及物质间的相互摩擦，塑料逐渐熔融成粘流态，被挤出机头口模（挤出模）4，成为形状与口模相仿的粘流态熔体，经定型装置 5 定型、冷却水槽 6 冷却，借助牵引装置 7 拉成具有一定截面形状的塑料型材 9，最后由切割装置 8 切割，完成挤出机的整个工作流程。

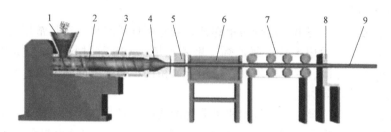

图 2-26 挤出机的工作原理示意图

1—料斗 2—料筒 3—加热器 4—机头口模（挤出模） 5—定型装置 6—冷却水槽
7—牵引装置 8—切割装置 9—塑料型材

2. 挤出机的基本组成

挤出成型是塑料制品加工中经常使用的一种成型方法，在塑料成型加工生产中占有很重要的地位。挤出成型主要用于热塑性塑料的成型。图 2-27 和图 2-28 所示分别为卧式单螺杆挤出机的实物图和结构示意图。

图 2-27 卧式单螺杆挤出机实物图

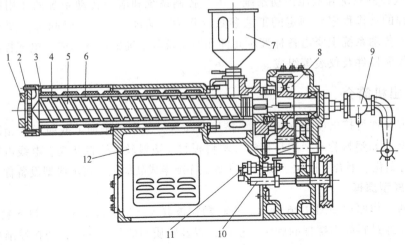

图 2-28　卧式单螺杆挤出机结构示意图

1—机头　2—过滤网　3—冷却水管　4—加热器　5—螺杆　6—料筒　7—料斗

8—传动装置　9—螺杆冷却装置　10—液压泵　11—电动机　12—机座

3. 挤出机的分类

按照螺杆数量分类，挤出机可分为单螺杆式和双螺杆式两种，这是常用的分类方法。单螺杆挤出机结构简单，适用于软聚氯乙烯、聚苯乙烯、ABS 等材料的加工成型；双螺杆挤出机对塑料的推进、分散、混合效果好，适用于高精度、高硬度的硬聚氯乙烯等大型型材的加工成型，如塑料门窗等。

按照螺杆在空间的位置分类，挤出机可分为卧式挤出机和立式挤出机。卧式挤出机的螺杆是水平放置的，可方便完成各种制件的生产，应用广泛。立式挤出机的螺杆是垂直放置的。立式挤出机辅机配置较困难，而且机器的高度尺寸较大，一般只有小型模具才使用。

4. 挤出机的特点

1）挤出生产过程是连续的，可根据需要生产任意长度的塑料制件。

2）挤出机结构简单，维护保养方便。

3）挤出机生产的塑料制件质量好、尺寸稳定。

4）大部分塑料都可以采用挤出方法成型，氟塑料除外。不仅热塑性塑料可以采用挤出方法成型，部分热固性塑料也可以采用挤出方法成型，应用范围广。

5）挤出机生产效率高，生产批量大，成本低。

目前，挤出成型已广泛用于日用品、农业、建筑、石油、化工、机械制造、电子等各个行业。

5. 挤出机的主要技术参数

挤出机的参数主要有：

1）螺杆直径：螺杆外圆直径 D，单位为 mm。

2）螺杆转速范围：螺杆的最低转速至螺杆的最高转速，n 表示螺杆转速，单位为 r/min。

3）螺杆长径比：螺杆工作部分长度 L（有螺纹部分的长度）与螺杆直径 D 之比，用 L/D 表示。

4）主螺杆驱动电动机功率：用 P 表示，单位为 kW。

5）挤出机中心高度：螺杆中心线到地面的距离 H，单位为 mm。

6）挤出机的产量：用 Q 表示，单位为 kg/h。

7）挤出机外形尺寸：挤出机总长×总宽×总高，用 $L×W×H$ 表示，单位为 mm 或 m。

8）挤出机质量：用 W 表示，单位为 kg 或 t。

表 2-3 所示为部分国产挤出机的主要参数。

表 2-3　部分国产挤出机的主要参数

型号	螺杆直径 /mm	螺杆转速 /(r·min^{-1})	长径比	电动机功率 /kW	中心高 /mm	产量/(kg·h^{-1})	
						硬聚氯乙烯	软聚氯乙烯
SJ-30	30	20~120	15、20、25	3/1	1000	2~6	2~6
SJ-45	45	17~102	15、25	5/1.67	1000	7~18	7~18
SJ-65	65	15~90	15、20、25	15/5	1000	15~33	16~50
SJ-90	90	12~72	15、20、25	22/7.3	1000	35~70	40~100
SJ-120	120	8~48	15、20、25	55/18.3	1100	56~112	70~160
SJ-150	150	7~42	15、20、25	75/25	1100	95~190	120~280
SJ-200	200	7~30	15、20、25	100/333	1100	160~320	200~480

2.3　其他成型设备

2.3.1　常用压铸成型设备

压铸即压力铸造，是将固体金属加热熔化后注入压铸机加料室中，经压铸机活塞加压，使熔融金属在高压、高速条件下经浇注系统充填进模具型腔，并在高压下冷却凝固成型的一种精密铸造方法。用压铸成型获得的制件称为压铸件，简称铸件。压铸机是压铸生产的专用成型设备，压铸过程只有通过压铸机才能实现。

1. 压铸机的基本组成

压铸机主要由合模机构、压射机构、液压及电气控制系统、机座等组成，如图 2-29 所示。

图 2-29　压铸机的基本组成
1—合模机构　2—压射机构　3—蓄能器　4—机座　5—电气箱

2. 压铸机的分类

常见压铸机的分类方法见表2-4。

表2-4　压铸机的分类

分类方式	压铸机类型
按照炼炉设置情况	冷室压铸机
	热室压铸机
按照射头运动方向	卧式压铸机
	立式压铸机
按照压铸机功率的机器锁模力	小型压铸机：热室<630kN；冷室<3500kN
	中型压铸机：热室，630~4000kN；冷室，3500~6300kN
	大型压铸机：热室，>4000kN；冷室，>6300kN
按照通用性	通用压铸机
	专用压铸机
按照自动化程度	半自动压铸机
	全自动压铸机

3. 热室压铸机的工作原理

热室压铸机的工作原理如图2-30所示，压射室4放置在装有金属液的坩埚5内，并且通过a口与坩埚相通一同浸在金属液中。金属液可从压射室右侧的通道口a进入压射室内腔。鹅颈嘴c与模具浇口相通，鹅颈嘴c的高度应比坩埚5内金属液最高液面略高，以便防止金属液自行流入模具型腔。压射头3与压射室相配合，可上下运动。压射前，压射头处在通道a的上方。压射时，压射头向下运动，运行至封住通道a时，压射室、鹅颈通道直至型腔构成封闭的系统。压射头以一定的推力与速度将金属液压入型腔，充填成型。充填完毕，保压适当时间后压射头提升复位。鹅颈通道内未经凝固的金属液流回压射室，坩埚里的金属液又向压射室补

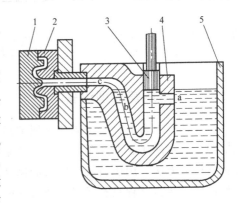

图2-30　热室压铸机的工作原理
1—动模　2—定模　3—压射头
4—压射室　5—坩埚
a—压射室通道　b—鹅颈通道　c—鹅颈嘴

充，直至鹅颈通道内的金属液面又恢复到和坩埚内液面同一水平，待下一个循环再进行压射。每次压射完成，待铸件凝固后，动模1移开，实现开模，并取出铸件，而后动模移动实现合模，准备下一个工作循环。

4. 压铸机的特点

由于压铸时熔融金属在高压、高速下充填，冷却速度快，因此压铸机有以下优点：

1）压铸件的尺寸精度和表面质量高。

2）压铸件组织细密，硬度和强度高。

3）可以成型薄壁、形状复杂的压铸件。

4）生产效率高，易实现机械化和自动化。

5）可采用镶铸法简化装配和制造工艺，将不同的零件或嵌件放入压铸模内，通过一次压铸将其连接在一起，既可代替部分装配工作，又可改善制件的局部性能。

压铸机也有以下缺点：

1）压铸机压铸速度很快，模具型腔内的空气不易完全排除，因此压铸件易形成细小的气孔，又由于金属液冷凝很快，铸件厚壁处不能及时得到补缩，形成缩孔或疏松。

2）在强度提高的同时，其塑性降低，故压铸机不适合在冲击载荷或有振动的工作环境下工作。

3）压铸合金的种类受到限制。

4）压铸模和压铸机成本高、投资大，不宜小批量生产。

5. 压铸机的规格和主要技术参数

（1）压铸机的规格　目前，国产压铸机已经标准化，其型号主要反映压铸机类型和锁模力大小等基本参数。例如：

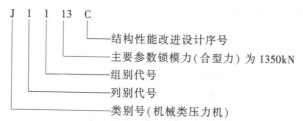

在国产压铸机型号中，普遍采用的主要有J213B、J1113C、J113A、J16D等型号。

（2）压铸机的主要技术参数　压铸机的主要技术参数已经标准化，在产品说明书中均可查到。其主要参数有锁模力、压射力、压室直径、压射比压、压射位置、压室内合金的最大容量、开模行程及模具安装用螺孔位置尺寸等。

6. 压铸机的选用

实际生产中应根据产品的要求和具体情况选择压铸机。一般从以下两个方面进行考虑。

（1）按生产规模及压铸件品种选择压铸机　在组织多品种、小批量生产时，一般选用液压系统简单、适应性强和能快速调整的压铸机；在组织少种、大批量生产时，则应选用配备各种机械化和自动化控制机构的高效率压铸机；对单一品种大批量生产时，可选用专用压铸机。

（2）按压铸件的结构和工艺参数选择压铸机　热室压铸机多用于压铸锌合金、铝合金、镁合金和锡合金等低熔点合金铸件；立式冷室压铸机适用于压铸嵌入其他金属材料的铝合金、锌合金压铸件，也可用于压铸开设中心浇口和偏心浇口的其他铝、锌、铜铸件；卧式冷室压铸机主要用于压铸铝合金、锌合金、铜合金以及各种非铁合金铸件，但因放置嵌件操作不方便，不适于压铸带盲嵌件的铸件；全立式冷室压铸机适于各种非铁合金铸件，但其结构复杂，操作维修不方便，取出铸件困难，生产率低。

2.3.2　常用锻压成形设备

在锻压生产中，将金属毛坯加热到一定温度后放在模腔内，利用锻锤压力使其发生塑性变形，充满模腔后形成与模腔相仿的制件，这种锻造方法称为模型锻造，简称模锻。

模锻是成批或大批量生产锻件的锻造方法。其特点是在锻压设备动力作用下，坯料在锻模膜腔内被压制，产生塑性流动成形，得到比自由锻件的内部组织结构、尺寸精度和表面质量都更高的锻件。经模锻的工件，可获得良好的纤维组织，并且可以保证IT7~IT9标准公差等级，有利于实现专业化和机械化生产。

1. 模锻加工的特点

（1）优点

1）可以锻造形状较复杂的锻件，尺寸精度较高，表面粗糙度值较小。

2）锻件的机械加工余量很小，材料利用率较高。

3）可使流线分布更为合理，这样可进一步提高零件的使用寿命。

4）操作简便，劳动强度较小。

5）生产率较高，锻件成本低。

（2）缺点

1）设备投资大，模具成本高。

2）生产准备周期，尤其是锻模的制造周期都较长，只适合大批量生产。

3）工艺灵活性不如自由锻。

2. 常用锻压成形设备的分类

锻模使用的锻压设备按照其工作特性可以分为五大类：模锻锤类、螺旋压力机类、曲柄压力机类、轧锻压力机类和液压机类。表2-5为锻压设备的分类、名称及其用途特点。

表2-5　锻压设备的分类、名称及其用途特点

分类	名　称		主要工艺用途及特点
模锻锤类	有砧座模锻	蒸汽-空气模锻锤（简称模锻锤）	双作用锤用于多型槽多击模锻
		落锤（如夹板模锻锤）	双作用锤用于多型槽多击模锻，还可以用于冷校正
	无砧座蒸汽-空气模锻锤（简称无砧座锤）		主要用于单型槽多击模锻
	高速锤		主要用于单型槽单击闭式模锻
螺旋压力机	摩擦螺旋压力机		主要用于单型槽单击闭式模锻，以及冷热校正等
	液压螺旋压力机		用于单型槽多级模锻
曲柄压力机类	热锻模曲柄压力机	楔形工作台式热锻模	主要用于3~4型槽的单击模锻，终段应位于压力中心区
		楔式传动曲柄压力机	主要用于3~4型槽的单击模锻，型槽可按工序顺序排列
	平锻机	垂直分模平锻机	主要用于3~6型槽的单击模锻，主要变形方式为局部镦粗和冲孔成形，多采用闭式模锻
		水平分模平锻机	
	径向旋转锻造机		专用于轴类锻件
	精压机		用于平面或曲面冷精压
	切边压机		用于模锻后切边、冷冲孔和冷剪切下料
	普通单点悬式压机		用于冷切边、冷冲孔和冷剪切下料
	型剪机		用于冷、热剪切下料
轧锻压力机类	纵向轧机	辊锻机	用于模锻前的制坯和模锻辊锻
		扩孔机	专用于环形锻件的扩孔
		四辊螺旋纵向轧机	专用于麻花钻头的生产
	横纵向轧机	二辊或三辊螺旋纵向轧机	专用于热轧齿轮和滚柱、滚珠、轴承环轧制
		三辊仿形横轧机	用于圆变断面轴杆零件或坯料的轧制

（续）

分类		名 称	主要工艺用途及特点
液压机类	模锻水压机	单向模锻水压机	用于单型模锻槽
		多向模锻水压机	用于单型槽多个分型面的多向镦粗、挤压和冲孔模锻
	油压机		用于校正、切边和液态模锻等

3. 典型锻压成形设备的组成及其工作原理

蒸汽-空气模锻锤在众多的锻压成形设备中应用最多，是典型的锻压成形设备。

蒸汽-空气模锻锤是利用压力为 $(7 \sim 9) \times 10^5 Pa$ 的蒸汽或压力为 $(6 \sim 8) \times 10^5 Pa$ 的压缩空气为动力的锻锤称为蒸汽-空气锤。它是目前普通锻造车间常用的锻造设备。蒸汽-空气锻锤按照用途不同，分为自由锻锤和模锻锤两种；自由锻锤根据机架形式，可分为单柱式、拱式和桥式三种，如图 2-31 所示。

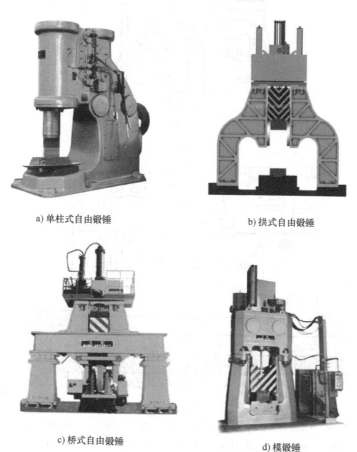

a) 单柱式自由锻锤　　　　　　　　　　b) 拱式自由锻锤

c) 桥式自由锻锤　　　　　　　　　　d) 模锻锤

图 2-31　蒸汽-空气锻锤分类示意图

由于模锻工艺需要，立柱与砧座的相对位置可通过横向调节楔来进行微调。为保证机架中心精度要求，立柱直接用 8 个斜置 $10° \sim 13°$ 的螺栓与砧座连接。锻造时，由于冲击力的作用，螺栓下的弹簧所产生的侧向分力将立柱压紧在砧座的配合面上，从而防止左右立柱卡住锤头。

（1）蒸汽-空气模锻锤的组成 模锻锤是在蒸汽-空气自由锻锤的基础上发展而成的。由于多模膛锻造，常承受较大的偏心载荷和打击力，所以为满足模锻工艺的要求，模锻锤必须有足够的刚度。如图 2-32 所示，蒸汽-空气模锻锤由气缸 8（带打滑阀和节气阀）、落下部分（活塞、锤杆 7、锤头 6 和上模 5）、立柱 13、导轨 14、砧座 1 和操纵机构等部分组成。

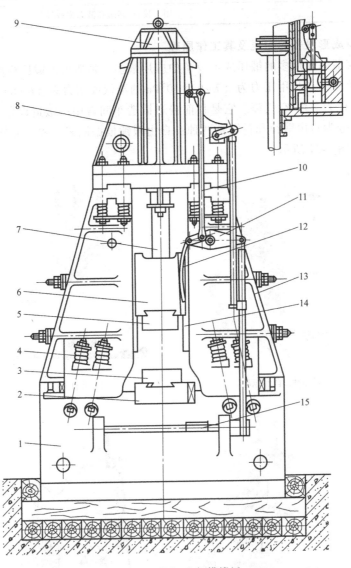

图 2-32 蒸汽-空气模锻锤

1—砧座 2—模座 3—下模 4—弹簧 5—上模 6—锤头 7—锤杆 8—气缸
9—保险缸 10—拉杆 11—杠杆 12—曲杆 13—立柱 14—导轨 15—脚踏板

（2）蒸汽-空气模锻锤的工作原理 各种不同用途和结构形式的蒸汽-空气模锻锤，其工作原理都相似。如图 2-33 所示，当蒸汽或压缩空气充入进气管 1 经节气阀 2、滑阀 3 的外周和下气道 4 时，进入气缸 5 的下部，在活塞下部环形底面上产生向上作用力，使落下部分向上运动。此时，汽缸上部的蒸汽（或压缩空气）从上气道 4 进入滑阀内腔，经排气管 10 排入大气。

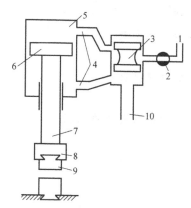

图 2-33　蒸汽-空气模锻锤工作原理

1—进气管　2—节气阀　3—滑阀　4—上、下气道　5—气缸
6—活塞锤头　7—锤杆　8—锤头　9—上砧　10—排气管

思 考 与 练 习

1. 试述冲压设备的种类。

2. 试述我国锻压机械的分类和代号。

3. 请指出冲压设备代号 "W67KY-100/3200L5" 中各字母和数字所表示的含义。

4. 简述通用曲柄压力机的组成与工作原理。

5. 试述通用曲柄压力机的主要技术参数及其含义。

6. 试述拉深压力机的类型。

7. 试述双动拉深压力机的组成、工作原理及其工艺特点。

8. 试述摩擦螺旋压力机和液压螺旋压力机的结构特点。

9. 试述精冲压力机的工作原理。

10. 满足精密冲裁的条件有哪些？

11. 试述冲压液压机的工作原理。

12. 试述冲压液压机的类型及其特点。

13. 怎样正确选择压力机的类型？

14. 怎样正确选择压力机的规格？

15. 注射机的种类有哪些？

16. 简述注射机的组成。

17. 试述注射机的型号及其主要技术参数。

18. 试述挤出机的基本组成。

19. 试述挤出成型原理。

20. 试述挤出机的类型及其特点。

21. 试述压铸机的基本组成。

22. 试述压铸机的特点。

23. 试述热室压铸机工作原理。

24. 试述压铸机的规格和主要技术参数。

25. 如何选用压铸机？

26. 何谓模锻？模锻生产的特点是什么？

27. 试述锻压成形设备的分类。

28. 试述典型锻压成形设备的组成及其工作原理。

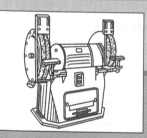

第3章

冲压成形技术

冲压成形加工是利用安装在压力机上的模具，对板料施加压力，从而获得具有一定形状、尺寸和性能的制件的一种加工方法。冲压加工通常是在常温状态下进行的，因此也曾称冷冲压加工。冲压加工是金属压力加工方法之一。由于模具加工成本高，因此冲压成形加工一般用于大批量生产。

3.1 冲压成形加工的特点

冲压成形加工与其他加工方法相比，在技术和经济方面有如下特点：

1) 冲压零件的尺寸精度主要是由模具来保证的，因此冲压零件不仅尺寸精度易于保证，而且表面质量好、尺寸稳定、互换性好，可以满足一般装配和使用要求。

2) 能获得其他加工方法难以加工或无法加工的形状复杂的零件。

3) 冲压零件经过塑性变形，金属内部组织可得到改善，力学性能也有所提高，是传统加工方法所不能比拟的。

4) 冲压成形加工是少屑或无切屑的高效加工方法，加工余料少，材料利用率高，节能环保。

5) 冲压成形加工操作简便，易于实现半自动化和自动化生产，生产效率高。

6) 大批量生产时，冲压成形的加工成本较低。

7) 冲压材料可使用黑色金属、有色金属及某些非金属，可选用的材料较广泛。

8) 冲压加工时噪声大，振动大，模具成本较高，制件表面易出现加工硬化层，严重时会使金属失去进一步变形能力。

冲压成形加工既可制造钟表及各种仪器仪表的小零件，也可制造汽车、拖拉机等大型机器中的大零件，因此在航空航天、机械、电子、信息、交通、化工、兵器、医疗器具、日用电器等诸多领域中得到广泛应用。

3.2 冲压成形工艺

采用冲压成形方式加工的零件，由于其形状、尺寸、精度要求、生产批量、原材料性能等的不同，生产中所采用的工艺方法也多种多样。冲压工序可以按照不同的方法进行分类，若根据材料的变形性质进行分类，可以将冲压工序划分为分离工序和变形工序。

分离工序是指将板料按一定的轮廓线分离，根据需求可以取轮廓线以内的板料为制件，也可以取轮廓线以外的板料为制件，从而得到一定形状、尺寸和切断面质量的冲压件。

按照工艺方法分类，分离工序可分为落料、冲孔、切断、切舌、切边、切口等工序，见表 3-1。

表 3-1 分离工序

序号	工序名称	简 图	工序特点	应用实例及图例
1	落料	废料　制件	用冲模沿封闭轮廓线冲切板料的一种冲压工序。冲切下来的部分为制件。落料工序多用于加工各种形状的平板零件	被冲金属薄板
2	冲孔	制件　废料	用冲模沿封闭轮廓线冲切板料，在板料上获得所需孔的一种冲压工序。冲切下来的部分为余料，可以再次加工	带孔的金属薄板
3	切断		用冲模沿敞开轮廓线切断材料的一种冲压工序	冲压剪切下料、级进模的余料切断等
4	切舌		将板料的局部切开，并使被切部分翘曲的一种冲压工序。被切部分不再位于板料所处的平面上	某些级进模的通风板、洗衣机的后盖板等

（续）

序号	工序名称	简　图	工序特点	应用实例及图例
5	切边		将成形制件的边缘修切成所需形状的一种冲压工序。切边工序主要用于修整拉深件的边缘，使其平整美观，便于下一步装配	盒形件切边、筒形件切边等
6	切口		从毛坯或半成品制件的边缘上，沿不封闭的轮廓分离出余料的一种冲压工序	角钢切口、盒子四角切口、汽车防尘罩切口等
7	剖切		沿半成品制件的横断面进行剖切，获得两个或两个以上制件的一种冲压工序	

　　变形工序是使冲压件在不破坏其完整性、没有材料分离的前提下发生塑性变形，成为所要求的制件形状的冲压工序。变形工序依靠材料流动而不依靠材料分离使材料改变形状和尺寸。

　　按照工艺方法，变形工序可分为弯曲、拉深、翻边、翻孔、胀形、缩口、扩口、卷边等工序，见表3-2。

表3-2　变形工序

序号	工序名称	简　图	工序特点	应用实例及图例
1	弯曲		将坯料或半成品制件沿弯曲线弯曲成具有一定曲率、一定角度和一定形状的一种变形工序	自行车把、弹簧片、电器插座、导电片等

（续）

序号	工序名称	简 图	工序特点	应用实例及图例
2	拉深		将平板毛坯拉深成空心件，或者将空心件进一步拉深成形状和尺寸有所改变的另一空心件的一种变形工序	蒸屉、电动机外壳和端盖、饭盒、水槽等
3	翻边		将毛坯平面部分或曲面部分的边缘沿一定曲线翻起或竖立的一种变形工序	脸盆边沿、油表壳、压力表壳等
4	翻孔		将带孔板材或半成品制件冲制成具有一定高度直壁孔的一种变形工序	不锈钢管件等
5	胀形		对空心毛坯或管状毛坯进行冲压，使其径向尺寸增大，从而获得凸肚曲面制件的一种变形工序	水壶、水管头、三通管接头等
6	缩口		在空心毛坯或管状毛坯敞口处冲压，使其径向尺寸缩小的一种变形工序	弹壳、水壶、钢制气瓶、灯罩等
7	扩口		使空心毛坯或管状毛坯某个部位的径向尺寸扩大的一种变形工序	支撑套、管接头等

（续）

序号	工序名称	简　图	工序特点	应用实例及图例
8	卷边		将板料端部卷曲成接近封闭圆形的一种变形工序	合页、器皿外缘等
9	起伏		在板料毛坯或半成品制件的表面上冲压,制成各种形状的凸起与凹陷的一种变形工序	防滑板、奖牌、硬币等
10	拉弯		坯料在拉应力和弯矩的作用下,产生弯曲变形的一种变形工序。拉弯后的制件力学性能较高	波纹炉胆封头等
11	变薄拉深		将拉深后的半成品空心件进一步拉深,使其改变形状和尺寸、侧壁厚度变薄的一种变形工序	碳酸饮料易拉罐、高压锅等
12	旋压		将平板毛坯用辊轮逐渐旋压成具有一定形状的制件的一种变形工序	水壶缩口、弹片、灯罩等
13	校形		校正制件,使其具有精确形状和尺寸的一种变形工序	精度要求较高的精密制件

3.3 冲压模零件的类型及其作用

按冲压模零件的不同作用，可以将其分为工艺零件和结构零件两大类。

1）工艺零件：此类零件直接参与完成冲压成形过程，并与毛坯直接发生接触。工艺零件包括工作零件、定位零件和压料、卸料及出件零件。

2）结构零件：此类零件不直接参与完成冲压成形过程，也不和毛坯直接接触，其作用是保障模具完成冲压成形过程以及完善模具的功能。结构零件包括导向零件、支承与固定零件、紧固件及其他零件。表 3-3 为冲压模零件的类型及作用。

表 3-3   冲压模的主要零件及其作用

零件类型		零件名称	零件作用
工艺零件	工作零件	凸模（也称阳模）	在冲压过程中，与模具的凹模配合，直接对坯料进行分离或成形的工作零件，是成形制件内表面形状的模具零件
		凹模（也称阴模）	在冲压过程中，与模具的凸模配合，直接对坯料进行分离或成形的工作零件，是成形制件外表面形状的模具零件
		凸凹模	在复合模具中，兼起凸模和凹模的作用，是同时成形制品内、外表面形状的模具零件
	定位零件	定位销、导料销	用来定位的销钉或螺钉。该类零件标准化、通用化程度很高，可根据需要到专业化生产企业或市场购买
		定位板、定位块、导料板	用来定位的板、块。除特殊形状之外，该类零件已标准化，可根据需要到专业化生产企业或市场购买
		挡料销、始用挡料销、挡料板	挡料销和挡料板用来控制坯料送进距离，即送料步距；级进模加工首件时，始用挡料销控制首件的正确位置。该类零件已标准化，可根据需要到专业化生产企业或市场购买
		定距侧刃	可代替挡料销控制坯料送进的步距。定距侧刃在级进模中用得很多
	压料、卸料及出件零件	压料板	在冲裁、弯曲和成形等加工中，把板料压紧在凸模或凹模上的可动板件。除特殊形状之外，该类零件均已标准化，可根据需要到专业化生产企业或市场购买
		卸料板	在模具中起压料、卸料和顶料的作用，负责把卡在凸模上或凸凹模上的制件或余料推出、顶出。除特殊形状之外，该类零件均已标准化，可根据需要到专业化生产企业或市场购买
		弹顶器	安装在下模的下方或下模座的下方，利用气压、油压、弹簧或橡胶等，通过推出机构的其他零件，从模具中顶出制件的弹顶装置。该类零件已标准化，可根据需要到专业化生产企业或市场购买
		顶件块、顶板、顶杆等	用于推出制件或余料的模具零件，通常直接接触制件或余料。该类零件已标准化，可根据需要到专业化生产企业或市场购买
结构零件	导向零件	导柱	与安装在另一模座上的导套（或模具零件上的孔）相配合，其作用是在冲压过程中确保凸模和凹模之间相对位置准确，运动导向精度达到图样要求。该类零件标准化、通用化程度很高，可根据需要到专业化生产企业或市场购买
		导套	与安装在另一模座上的导柱相配合，其作用是在冲压过程中确保凸模和凹模之间相对位置准确，运动导向精度达到图样要求。该类零件标准化、通用化程度很高，可根据需要到专业化生产企业或市场购买

（续）

零件类型		零件名称	零件作用
结构零件	支承与固定零件	上模座	用于支承上模中所有模具零件的模架零件。该类零件标准化、通用化程度很高，可根据需要到专业化生产企业或市场购买
		下模座	用于支承下模中所有模具零件的模架零件。该类零件标准化、通用化程度很高，可根据需要直接到专业化生产企业或市场购买
		模柄	是把上模固定在压力机滑块上的连接零件。安装时通过模柄，使模架的中心线与压力机的中心线重合。该类零件标准化、通用化程度很高，可根据需要直接到专业化生产企业或市场购买
		凸模固定板	用于安装固定凸模的板件。安装时，先将凸模固定在凸模固定板上，最后固定在模座上。除特殊形状之外，该类零件均已标准化，可根据需要到专业化生产企业或市场购买
		凹模固定板	用于安装固定凹模的板件。安装时，先将凹模固定在凹模固定板上，最后再固定在模座上。由于凹模常做成板料，可直接固定在模座上，所以很多模具中省去了凹模固定板。除特殊形状之外，该类零件均已标准化，可根据需要到专业化生产企业或市场购买
其他零件	紧固件	主要有螺钉、销钉、滑块、斜楔等	用于定位、连接、固定相邻零件的模具零件 紧固件已标准化，可根据需要到专业化生产企业或市场购买

3.4　冲裁模的基本结构及其工作过程

冲裁是利用冲裁模在压力机上使板料局部沿一定的封闭或敞开的轮廓线分离的一种冲压工序。表3-1中的分离工序是常用的冲裁成形工艺方法。冲裁是冲压工艺中最基本的一种工序，既可以在板料上冲制孔或者剪裁出各种现状的平板制件，也可以与弯曲、拉深和成形等工序配合，冲压出其他形状的制件。因此，冲裁模在冲压加工中应用非常广泛，其中，落料模和冲孔模是主要的两种冲裁模。

3.4.1　冲裁模的分类及冲裁成形工艺简介

冲裁模按不同的方式可进行如下分类：

1）按照模具的工作性质分类，冲裁模分为冲孔模、落料模、切断模、切舌模、翻边模等。

2）按照模具的工序组合分类，冲裁模分为单工序模、复合模和级进模等。

3）按照模具的导向方式分类，冲裁模分为开式模、导板模和导柱模等。

4）按照模具的卸料装置分类，冲裁模分为弹性卸料装置冲裁模和固定卸料装置冲裁模，弹性卸料装置冲裁模又分为弹簧式卸料装置冲裁模和橡胶式卸料装置冲裁模等。

5）按照冲裁变形机理分类，冲裁模分为普通冲裁模和精密冲裁模。

6）按照模具的结构尺寸分类，冲裁模分为大型、中型和小型冲裁模等。

7）按照模具的专业化程度分类，冲裁模分为通用模、专用模、自动模、组合模、简易模等。

8）按照模具所用的材料分类，模具分为硬质合金冲裁模、钢质冲裁模、锌基合金冲裁模、橡胶冲裁模和聚氨酯冲裁模等。

冲裁成形工艺内容主要包括冲裁成形过程、冲裁间隙、冲裁件的排样和搭边、凸模凹模刃口尺寸的计算、送料步距、冲模压力中心的计算、模具闭合高度等。

1. 冲裁成形过程

冲裁成形过程一般可分为弹性变形阶段、塑性变形阶段和断裂分离阶段。

（1）弹性变形阶段　如图 3-1a 所示，当凸模接触板料并下压时，在凸模和凹模的压力作用下，板料开始产生弹性压缩、弯曲、拉伸等变形。这时，板料在与凸模、凹模刃口接触处形成很小的圆角。同时，板料稍有穿曲，材料越硬，凸模和凹模间隙越大，穿曲越严重。随着凸模的下压，刃口附近板料所受的应力逐渐增大，直至达到弹性极限，弹性变形结束。

（2）塑性变形阶段　如图 3-1b 所示，当凸模继续下压，板料变形区的应力达到塑性条件时，便进入塑性变形阶段。这时板料产生塑性剪切变形，形成光亮的剪切断面。随着凸模的下降，塑性变形程度增加，变形区材料硬化加剧，冲裁力也相应增大，直到刃口附近的应力达到抗拉强度时，塑性变形结束。此阶段还伴随着弯曲和拉伸变形，凸模、凹模间隙越大，弯曲和拉伸变形越大。

（3）断裂分离阶段　如图 3-1c 所示，当板料内的应力达到抗拉强度后，凸模再向下压入时，则板料与凸、凹模刃口接触的部位先后产生微裂纹。裂纹一般先在凹模刃口附近的侧面产生，继而才在凸模刃口附近的侧面产生。直至板料被剪断分离，冲裁成形过程结束。

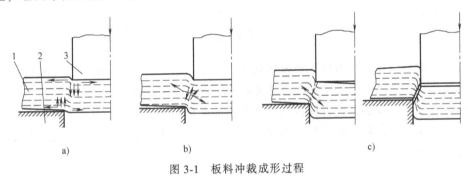

a)　　　　　　　b)　　　　　　　c)

图 3-1　板料冲裁成形过程

1—板料　2—凹模　3—凸模

2. 冲裁间隙

冲裁间隙是指冲裁模中凸模与凹模的工作部分的尺寸差值，即 D_A 与 d_T 的差值，如图 3-2 所示。冲裁间隙值与板料的厚度和材料有关。设计和制造新模具时，一般采用最小冲裁间隙值。

确定模具冲裁间隙值的方法有三种：理论法、经验法和查表法。

3. 排样、搭边和送料步距

排样是指冲裁件在条料上的布置方法。合理的排样是降低加工成本、保证冲件质量及模具寿命的有效措施。

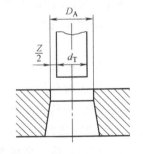

图 3-2　冲裁间隙

搭边是指排样时相邻两个制件之间的余料及制件与条料边缘间的余料。搭边的作用是补偿送料的定位误差，保持条料有一定的刚度，以保证制件质量和送料方便。

送料步距是指条料在模具上每次送进的距离，简称步距或进距。每个步距可以只冲出一个制件，也可以冲出几个制件。

3.4.2　简单冲裁模的基本结构

按照模具零件在压力机上的安装位置，无论是单工序模、复合模还是级进模，都分为上模与下模两个部分。上模是指固定在压力机滑块上的部分，模具工作时随滑块一起运动，故被称为冲压模的活动部分；下模是指固定在压力机工作台上的部分，故被称为冲压模的固定部分。通常将凸模安装在上模上，凹模安装在下模上。

图3-3所示为简单冲裁模的基本结构，图3-3a所示为模具爆炸图。模具没有弹簧，属于固定卸料装置的导柱式落料模。上模包括凸模11、凸模固定板12、上模座9、模柄8和导套

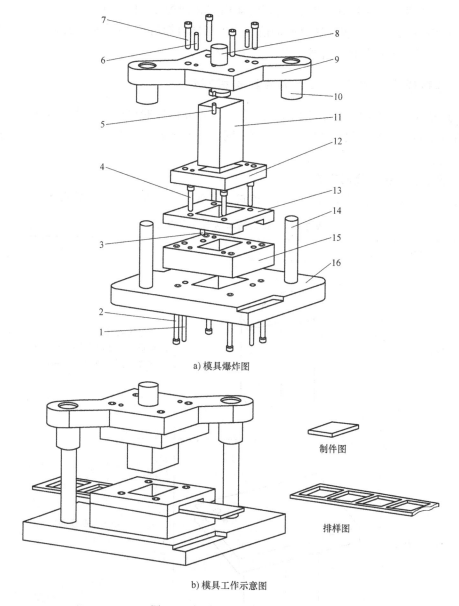

a) 模具爆炸图

制件图

排样图

b) 模具工作示意图

图3-3　简单冲裁模的基本结构

1、6—销钉　2—卸料螺钉　3—挡料销　4、7—内六角螺钉　5—防转销　8—模柄　9—上模座
10—导套　11—凸模　12—凸模固定板　13—导料卸料板　14—导柱　15—凹模　16—下模座

10 等零件，下模包括凹模 15、下模座 16、导料卸料板 13 和导柱 14 等零件。

模具工作时，各模具零件的作用各不相同，它们相互配合共同完成冲裁任务。冲裁模一般有工作刃口、导向装置、定位装置以及推料装置或卸料装置等几大部分。图 3-3 中的导向装置由导柱 14、导套 10 等零件组成。模具工作时，上模与下模的位置精度主要靠导柱和导套的导向精度来保证。定位装置由凸模固定板 12、导料卸料板 13、挡料销 3、螺钉和销钉等零件组成。卸料装置由导料卸料板 13、卸料螺钉 2 等零件组成。

上模中，凸模 11 安装在凸模固定板 12 上，再通过定位销 6 和内六角螺钉 7 固定在上模座 9 上。模柄 8 安装在上模座 9 上，为防止模柄 8 在工作时转动，模柄 8 和上模座之间安装有防转销 5。下模中，导料卸料板 13 由螺钉 4 固定在凹模 15 上，再由销钉 1 和卸料螺钉 2 固定在下模座 16 上。控制板料送进时的前后位置由导料卸料板 13 完成，控制板料的送进步距由固定在凹模上的挡料销 3 完成。

3.4.3 冲裁模主要零部件的结构及其固定方式

冲裁模是冲压生产中不可缺少的工艺设备。由于冲裁件的形状、尺寸、精度、生产批量及生产条件不同，各类冲裁模的结构会有所不同，但冲裁模中一些主要零部件的结构及作用却大致相同。

1. 凸模的基本结构及固定方式

凸模主要有两种结构，即台阶式和整体式，其基本结构及固定方式见表 3-4。

表 3-4　凸模的基本结构及固定方式

结构及固定方式		结构图	特点
台阶式	基本结构		凸模的固定部分有台阶，以便安装在凸模固定板上。这种凸模结构简单，易于加工、装配和修磨，是一种经济实用的凸模结构型式
	压入式固定		安装时，凸模与凸模固定板采用 H7/m6 配合。这种凸模固定方式适用于各种凸模结构，应用较广

（续）

结构及固定方式		结构图	特点
整体式	基本结构	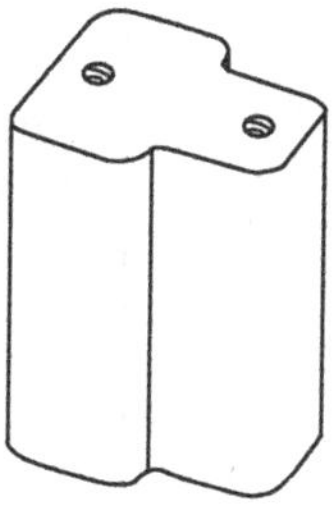	凸模上有螺纹孔结构,用来连接凸模固定板,其外形可采用数控线切割方式加工。一般结构复杂的凸模常采用此结构型式,因为螺钉孔不会减弱凸模的强度
	紧固式固定	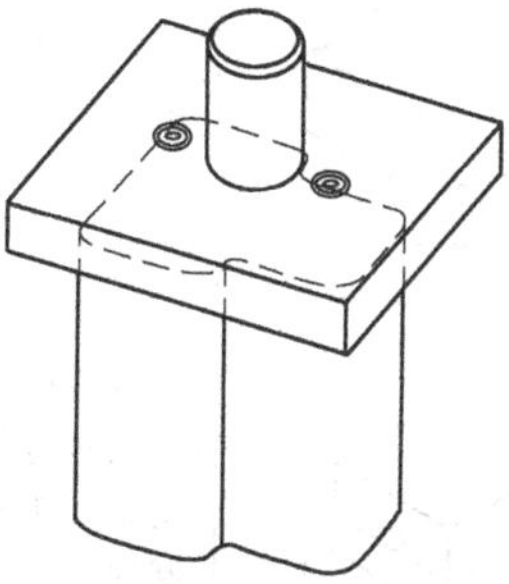	用螺钉将凸模直接固定在凸模固定板上或模座上。这种凸模固定方式适用于冲裁力不太大的冲压模

2. 凹模的基本结构及固定方式

凹模主要有四种结构,其基本结构及固定方式见表3-5。

表3-5 凹模的基本结构及固定方式

结构及固定方式		结构图	特点
基本结构	柱形刃口加锥形过渡孔	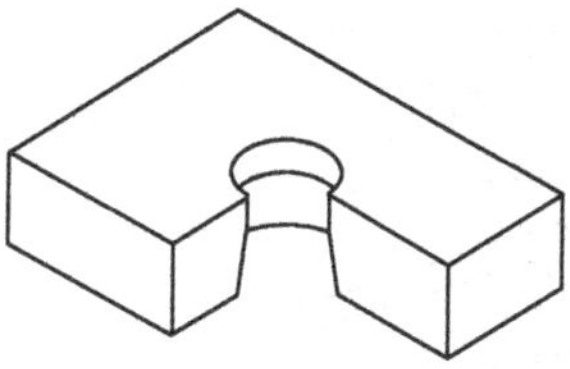	刃口强度较高,锥形过渡孔便于落料。该结构应用广泛
	柱形刃口加过渡孔	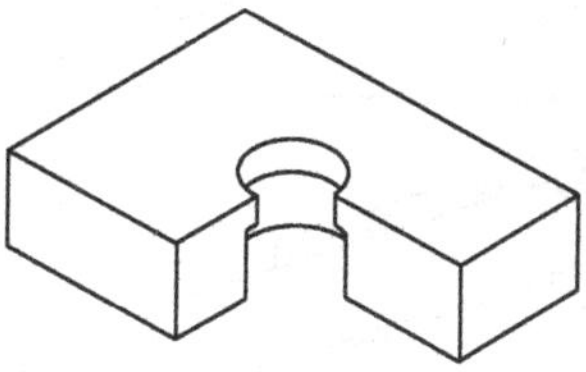	刃口强度较高,但柱形过渡孔若尺寸过小,易积存余料或制件。该结构广泛应用在冲裁中等厚度制件的模具中
	锥形刃口通孔	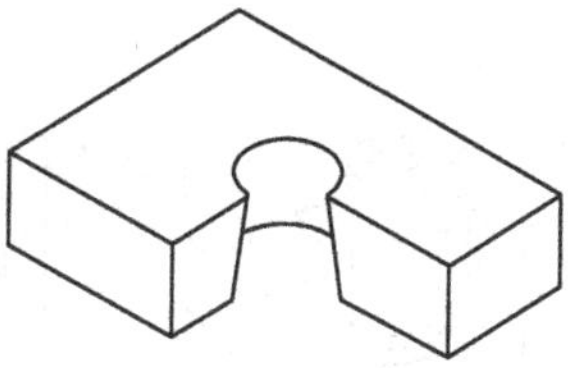	刃口强度较低,修磨后,工作部分尺寸略有增大。该结构适用于冲裁较薄的制件或凹模较薄的场合

（续）

结构及固定方式		结构图	特点
基本结构	柱形刃口通孔		刃口强度较高。该结构适用于有单独推料装置的模具,制件或余料被分离后,由推料装置推出。该结构一般用于冲裁形状复杂、厚度尺寸较大和精度要求较高的制件
固定方式	紧固式		将凹模用螺钉和销钉固定在下模座上。考虑到冲裁力大小和模具的精密程度,凹模与下模座之间还可加垫板。该凹模固定方式应用广泛
	压入式		将凹模压入凹模固定板(采用 H7/m6 配合),再将凹模固定板固定在下模座上。该固定方式常用于零件形状简单、板材较厚的制件

3. 板料定位导向装置

板料被送进模具时需要导向定位,常见的板料定位导向装置主要有定位板、导料板、导料销、挡料销、定距侧刃等零件见表 3-6。

表 3-6　板料定位导向装置

定位导向类型	零件类型	结构图	特点
板料送进方向的定位	圆柱形挡料销		这种挡料销结构简单,加工、装配方便,是一种常用、经济的结构型式
	钩形挡料销		当挡料销孔的位置离凹模刃口较近时,使用钩形挡料销能偏移一定距离且不改变挡料位置,以保证凹模的强度,但加工难度大
	活动挡料销		挡料销的末端装有弹簧,使挡料销可以上下移动。该结构常用在弹性卸料机构中和复合模中

（续）

定位导向类型	零件类型	结构图	特点
板料送进方向的定位	定位板		同时控制坯料两个方向的自由度，即送进方向和垂直于送进方向。该结构一般用于特殊形状坯料的外形定位
	定位块		同时控制坯料两个方向的自由度
			可同时控制坯料两个方向的自由度。该结构常用来定位首次冲裁孔
	定距侧刃		定距侧刃类似于凸模，靠切除板料一侧的材料来控制板料的位置及送进距离。该结构常用于坯料的外形定位和导向
板料送进的导向	导料销		导料销控制垂直于送进方向的位置并导向。该结构广泛用于坯料的外形定位和导向
	导料板		导料板控制垂直于送进方向的位置并导向。该结构广泛用于坯料的外形定位和导向

4. 典型导柱导套的结构

模具工作时，上模需经常上下移动，导柱、导套的导向定位精度决定了模具上、下模的定位精度。典型导柱、导套的结构见表 3-7。

表 3-7 典型导柱、导套的结构

结构类型	结构图	特点
普通导柱导套		导柱与导套之间采用 H7/h6 间隙配合,导套内壁开有储油槽
滚珠导柱导套		导柱、滚珠、导套间不但没有间隙,反而有 0.01~0.02mm 的过盈量。它适用于冲裁厚度约为 0.1mm 的薄料,或精密冲裁模、无间隙冲裁模、硬质合金模和高速冲裁模等。该结构精度高,但加工制造复杂,成本高

5. 常用模架结构

随着模具标准化程度越来越高,现已普遍采用标准模架。标准模架包括上模座、下模座、导柱和导套等零件。常用标准模架的结构见表 3-8。

表 3-8 常用标准模架结构

模具类型	结构图	特点
中间模架		两导柱在模座中心两侧布置,导柱作用力中心与模座中心一致,都通过压力中心,导向情况较好,但只能从一个方向送料,操作不方便
后侧模架		两导柱置于模具中心后侧,导柱作用力中心与压力中心不一致,导向情况较差,但此结构可从三个方向送料,操作方便,适用于导向要求不严格,且偏移力不大的冲裁模

（续）

模具类型	结构图	特点
对角模架	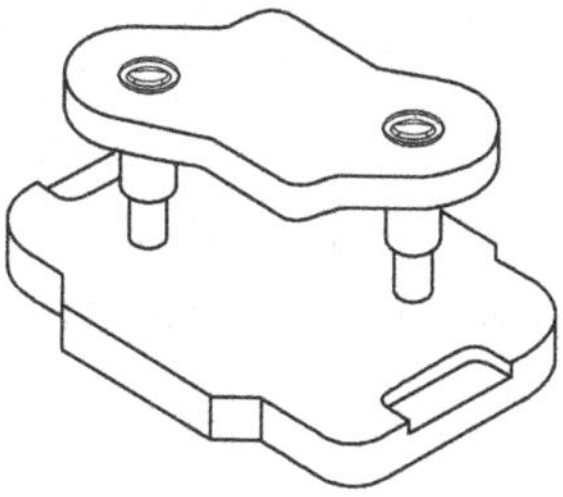	两导柱在模具中心对角布置,类似于中间模架,导柱作用力中心与模座中心一致,都通过压力中心,导向情况较好。可以从两个方向送料,操作方便。特点介于中间模架和后侧模架之间
四角模架	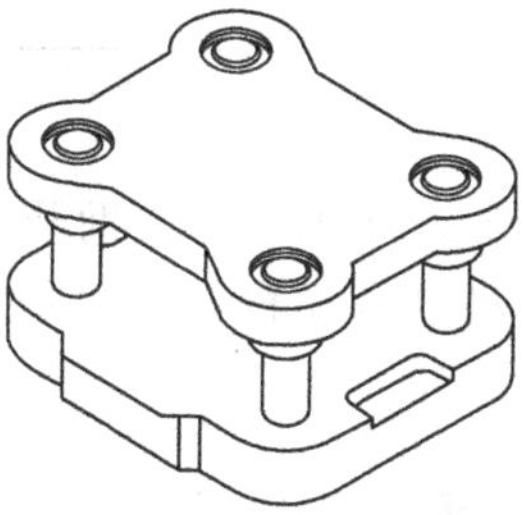	四导柱在模具中心四角均布,且作用力中心与压力中心一致,导向效果最好,但结构复杂,适用于导向精度要求高、偏移力大和大型冲模的情况

6. 常用模柄的结构

模柄是连接模具和压力机的关键模具零件,常用模柄的结构见表 3-9。

表 3-9　常用模柄的结构

固定方式	结构图	特点
压入式	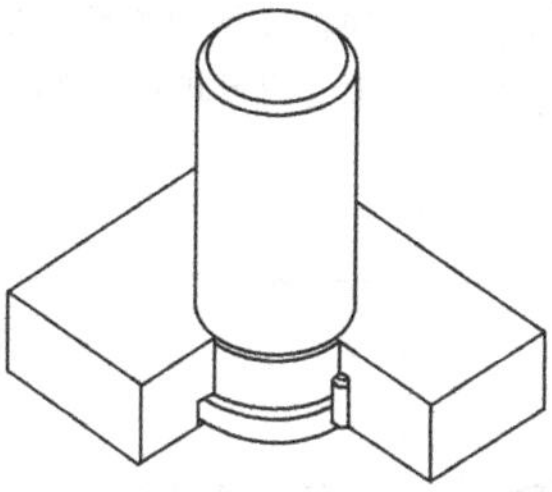	模柄与上模座采用 H7/m6 的固定配合,固定部分有台阶,装配后配钻止动销孔,安装止动销防止模柄转动。这种固定方式应用较为广泛
旋入式	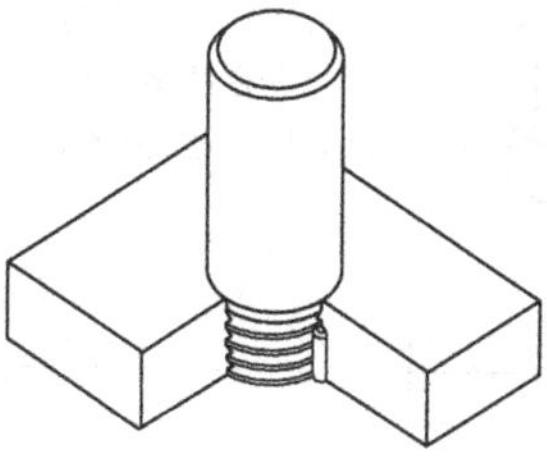	模柄与上模座采用螺纹配合。这种固定方式适用于中、小型模具
紧固式	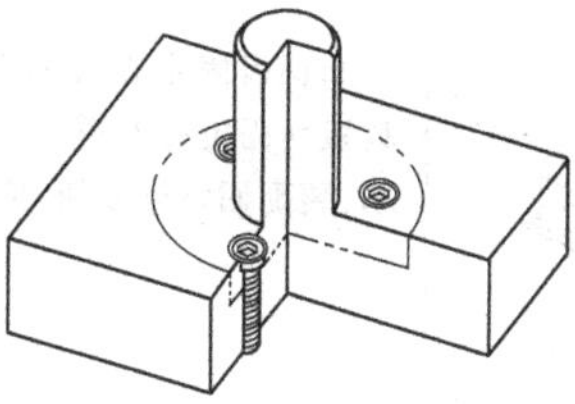	模柄上有法兰结构,采用螺钉与上模座连接。这种结构适用于较大或有刚性推料装置的冲裁模

（续）

固定方式	结构图	特点
整体式		模柄和上模座做成一体式。这种结构适用于模具结构简单、冲裁力不大、精度要求不高的场合

7. 典型卸料装置

模具卸料装置也称为推料装置，在模具完成冲压后开始工作，协助凸模等零件完成卸料工作。卸料板在模具冲压过程中还兼起压料的作用。模具的卸料装置主要由卸料板、卸料螺钉、弹簧或橡胶等零件组成见表 3-10。

表 3-10　典型卸料装置

卸料装置类型		结构图	特点
弹性卸料装置	弹簧式卸料装置		弹簧式卸料装置是由弹簧、卸料板和卸料螺钉等零件组成。弹簧式卸料装置的卸料板一般安装在上模、凸模的端部。卸料板靠卸料螺钉固定在凸模固定板上。弹簧式卸料装置应用广泛
	橡胶式卸料装置		橡胶式卸料装置是由橡胶、卸料板和卸料螺钉等零件组成。卸料板靠卸料螺钉固定在凸模固定板上。橡胶式卸料装置应用广泛，但橡胶需要经常更换
刚性卸料装置	卸料板固定在导料板上		卸料板固定在导料板上，导料板与卸料板均固定在凹模上。此种装置结构简单，装配调整较方便，应用广泛

（续）

卸料装置类型		结构图	特点
刚性卸料装置	卸料板和导料板一体式		卸料板和导料板做成一体式零件，固定在凹模上。此种装置装配调整方便，适用于板材较厚、精度要求不高的简单冲裁模

根据工序组合的方式不同，冲裁模可分为单工序冲裁模、复合冲裁模和级进冲裁模。以下依次介绍单工序冲裁模、复合冲裁模和级进冲裁模的结构及其工作过程。

3.4.4 常用冲裁模

根据工序组合的不同，冲裁模可分为单工序模、复合模和级进模等。

1. 单工序模

单工序模又称简单模，是指在压力机的一次行程中只完成一种冲压工序的模具。

常见的单工序模有无导向落料模、导板式落料模和导柱式落料模等，目前应用较多的是导柱式落料模。

（1）无导向落料模

1）无导向落料模的基本结构。图 3-4 所示是一个无导向装置的单工序落料模，也称敞开模。无导向落料模的上、下模之间没有导向装置，故无法导向，模具只能靠压力机的导轨导向。

此模具的上模由模柄 1、上模座 2、凸模 3 等零件组成。凸模 3 固定在上模座 2 上，上

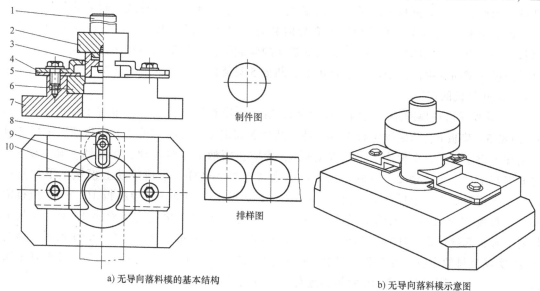

a) 无导向落料模的基本结构

制件图

排样图

b) 无导向落料模示意图

图 3-4　无导向落料模

1—模柄　2—上模座　3—凸模　4—卸料板　5—导料板　6—凹模

7—下模座　8—挡料板　9—板料　10—工件

模座 2 上安装有模柄 1，模柄与压力机的滑块连接。滑块带动整个上模做上下往复运动，实现落料加工。下模由卸料板 4、导料板 5、凹模 6、下模座 7 等零件组成。凹模 6 安装在下模座 7 上，下模座 7 安装在压力机的工作台上。因此，模具工作时，下模始终不动。卸料板 4 由螺钉固定在下模座 7 上不随上模移动。如图 3-5 所示，导料板 3 和挡料板 1 实现板料 2 的定位。两个导料板分别固定在下模座的左右两侧，与板料 2 间隙配合，实现对板料在垂直于送进方向上的定位；挡料板 1 实现对板料 2 在送进方向上的定位（挡料板 1 "卡" 在前一个落料孔中）。

2）无导向落料模的工作过程。在压力机的一次行程中，模具只能完成单一的落料工序。

如图 3-5 所示，落料之前，将板料 2 放入凸模和凹模之间，导料板 3 和挡料板 1 同时在两个方向上对板料 2 进行定位，确保板料在加工过程中与凹模的相对位置不变。如图 3-4 所示，落料时，凹模 6 固定在压力机的工作台上，凸模 3 随上模一起向下移动，完成落料。落料结束后，被冲裁下来的制件从下模座的孔中掉下来，而箍在凸模上的余料先随凸模一起向上移动，当碰到卸料板 4 时，再无法继续上移，而凸模继续移动，这样，余料便被卸料板 4 "取" 下来。

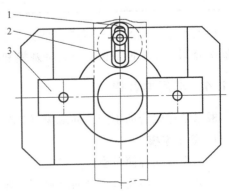

图 3-5 板料定位图
1—挡料板 2—板料 3—导料板

无导向落料模结构简单，尺寸小，重量轻，制造容易，成本低，但寿命短，模具的冲裁间隙不易保证。在压力机上每安装一次模具，就需要重新调整一次冲裁间隙。模具的冲裁间隙由压力机滑块与压力机滑块导轨的导向精度决定。该类模具安装调试复杂，生产的制件精度低，因此，无导向落料模适于加工精度要求低、形状简单、小批量或试制的冲裁件。

（2）导板式落料模 该结构属于有导向装置（导板）的冲裁模。图 3-6 所示的导板式落料模中，上、下模的导向靠凸模 5 与导板 9 的间隙配合（一般为 H7/h6）完成。导板 9 限制了凸模 5 横向和纵向两个方向的自由度，凸模 5 只能沿着导板 9 上的孔做上下移动。导板 9 还兼起卸料板的作用。

1）导板式落料模的基本结构。如图 3-6a 所示，模具的上模部分主要有上模座 1、模柄 3、凸模 5、垫板 6、凸模固定板 7 等零件。凸模 5 固定在凸模固定板 7 上，凸模固定板 7 再固定在上模座 1 上，上模上安装有模柄 3，为防止模柄工作时转动，在模柄 3 和上模座 1 之间安装了一个止动销 2。模柄与压力机的滑块连接，这样，滑块带动上模做上下往复运动，实现落料加工。下模部分主要有下模座 15、凹模 13、导板 9、导料板 10、固定挡料销 16、承料板 11 等零件。凹模 13 和导板 9 由销钉和内六角螺钉固定在下模座 15 上，模具工作时，导板起导向定位作用，凸模始终不离开导板，如图 3-6b 所示。导料板 10 和固定挡料销 16 实现板料的定位。导料板 10 固定在凹模 13 和承料板 11 上，对板料 17 进行垂直于送进方向的定位，固定挡料销 16 对板料进行送进方向的定位。

2）导板式落料模的工作过程。当板料 17 沿导料板 10 送至固定挡料销 16 时，凸模 5 由导板 9 导向进入凹模 13，完成落料冲裁。之后，板料继续送进，其送进距离由固定挡料销 16 来控制。分离后的制件掉入凹模和下模座的锥孔中，箍在凸模上的余料随上模回程时，

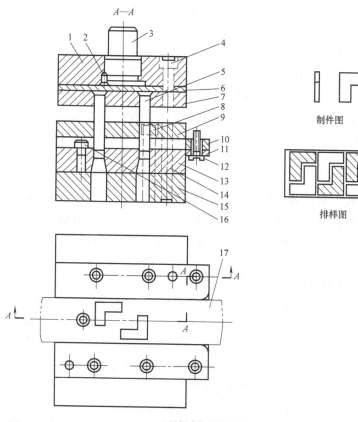

制件图

排样图

a) 导板式落料模的结构图

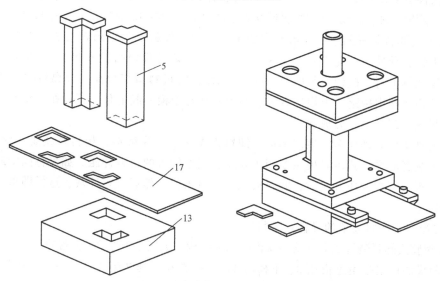

b) 导板式落料模工作示意图

图 3-6　导板式落料模

1—上模座　2—止动销　3—模柄　4、8—内六角螺钉　5—凸模　6—垫板　7—凸模固定板　9—导板
10—导料板　11—承料板　12—螺钉　13—凹模　14—圆柱销　15—下模座　16—固定挡料销　17—板料

在卸料板的作用下被"取"下来。制件采用双排排样方式，在模具的一次工作行程中可冲制2个制件，在板料上冲完一排制件后再掉头冲制第二排制件，这样可节省原材料，提高模具的加工效率。

导板式落料模的主要特点是：凸、凹模的正确配合要依靠导板导向。为了保证导向精度和导板的使用寿命，在模具工作过程中，不允许凸模离开导板，为此，要求压力机的行程较短。根据这个要求，选用行程较短且可调节的偏心式压力机较合适。

导板式落料模与无导向落料模相比，精度较高，寿命较长，使用、安装较容易，卸料可靠，操作比较安全，模具间隙由模具制造精度保证，在压力机上安装模具时无须每次调整模具间隙。导板式落料模一般用于冲裁形状比较简单、尺寸不大的制件以及需要压力机行程较短、冲裁力较小的场合。

（3）导柱式落料模　导柱式落料模是有导向装置（导柱）的冲裁模，该类模具上、下模的正确位置是依靠导柱和导套的导向来保证的。导柱式落料模应用很广。

根据卸料装置的不同，常用的导柱式落料模可分为带固定卸料装置、橡胶式卸料装置和弹簧式卸料装置的导柱式落料模等。

1）带固定卸料装置的导柱式落料模。

① 带固定卸料装置的导柱式落料模的基本结构。图3-7所示为带有固定卸料装置的导柱式落料模，它采用标准模架，模架由模具的上模座1、下模座11、导柱2和导套3等组成，可根据需要直接到专业化生产企业或专卖店购买。采用标准模架时，导柱一般安装在下模上，导套安装在上模上，目的是防止冲压时毛刺、碎屑等异物进入导套，降低导向精度。上模主要由模柄5、上模座1、凸模6、凸模固定板7等零件组成。凸模6安装在凸模固定板7上，再通过定位销和螺钉固定在上模座1上。模柄5安装在上模座1上。板料的定位导向装置由固定卸料板8和挡料销9等组成，控制板料送进时的前后位置以及板料的送进步距。下模主要由固定卸料板8、下模座11、凹模10和挡料销9等零件组成，凹模10安装在下模座11上。

② 带固定卸料装置的导柱式落料模的工作过程。板料由固定卸料板8和挡料销9定位后，上模下行，导柱2首先进入导套3中，以保证冲裁过程中凸模6和凹模10之间的间隙均匀。上模继续下行，凸模6与凹模10配合工作，将板料剪切分离。分离后的制件直接从凹模孔和下模座孔中掉落。上模回程时，凸模6随着上模一起上移，紧箍在凸模6上的余料被固定卸料板8卸下来，完成卸料。

该种模具操作时动作多，生产率低，卸料板无法紧压住板料，板料易翘曲变形，因此，带固定卸料装置的导柱式落料模主要用于较厚、刚性较大的板料冲压。如果将固定卸料板换成弹压卸料板，则在冲压开始时，卸料板先把板料压住，然后进行冲裁，这样即可对较薄板料进行冲压。

2）带橡胶式卸料装置的导柱式落料模。

① 带橡胶式卸料装置的导柱式落料模的基本结构。如图3-8所示，该带橡胶式卸料装置的导柱式落料模的模架是由上模座8、下模座1、导柱5和导套7组成的，一般采用标准模架。上模主要由模柄12、上模座8、凸模13、凸模固定板9、橡胶15和卸料板6等零件组成。凸模13安装在凸模固定板9上，再通过卸料螺钉11固定在上模座8上。卸料装置由卸料板6和卸料螺钉11等零件组成，卸料板6通过卸料螺钉11固定在上模座上。橡胶安装在凸模固定板和卸料板之间。下模主要由下模座1、凹模3等零件组成，凹模安装在下模座上。

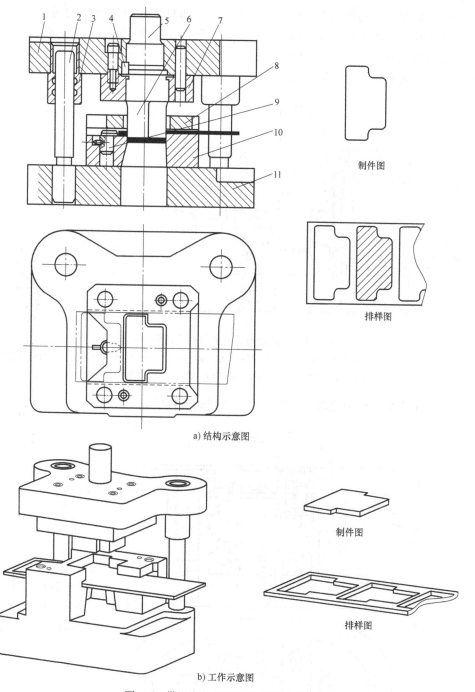

制件图

排样图

a) 结构示意图

制件图

排样图

b) 工作示意图

图 3-7　带固定卸料装置的导柱式落料模

1—上模座　2—导柱　3—导套　4—止动销　5—模柄　6—凸模　7—凸模固定板
8—固定卸料板　9—挡料销　10—凹模　11—下模座

② 带橡胶式卸料装置的导柱式落料模的工作过程。板料定位后，上模下行，导柱 5 首先进入导套 7 中，以保证冲裁过程中凸模 13 和凹模 3 之间的间隙均匀。上模继续下行，卸料板 6 压住板料，以防止板料上翘变形，凸模 13 与凹模 3 配合工作，将板料剪切分离。分离后的制件直接从凹模孔和下模座孔中掉落，此时，上模中的橡胶 15 处于压缩状态。上模

座刚开始回程的瞬间，凸模随着上模座一起上移，而卸料板 6 由于橡胶 15 的作用，并没有随着上模座上移，仍然紧压着板料的余料，这样，紧箍在凸模 13 上的余料便被卸料板 6 卸下来，完成卸料。直到卸料螺钉 11 的头部与上模座接触，再不能在上模座中滑动，此时，橡胶恢复原状，卸料板便随着卸料螺钉 11 与上模座同步回程。

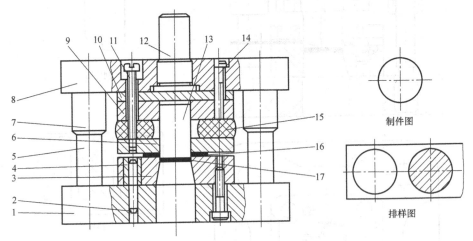

图 3-8　带橡胶式卸料装置的导柱式落料模示例 1

1—下模座　2—销钉　3—凹模　4—衬套　5—导柱　6—卸料板　7—导套　8—上模座　9—凸模固定板
10—垫板　11—卸料螺钉　12—模柄　13—凸模　14—螺钉　15—橡胶　16—余料　17—制件

图 3-9 所示为另一种带橡胶式卸料装置的导柱式落料模。

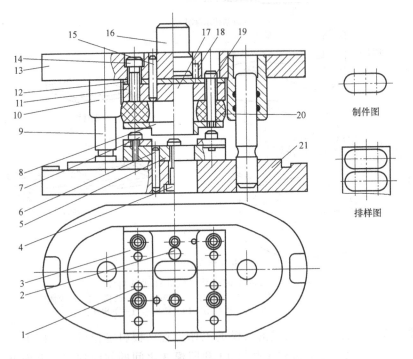

图 3-9　带橡胶式卸料装置的导柱式落料模示例 2

1、6、15—圆柱销钉　2—挡料销　3—导料板　4、7、14—螺钉　5—凹模　8—卸料板　9—导柱　10—导套
11—凸模固定板　12—垫板　13—上模座　16—模柄　17—凸模　18—止动销　19—卸料螺钉　20—橡胶　21—下模座

3）带弹簧式卸料装置的导柱式落料模。由于弹簧的使用性能和使用寿命远远大于橡胶，相比带橡胶式卸料装的落料模，带弹簧式卸料装置的落料模的应用更广泛。

① 带弹簧式卸料装置的导柱式落料模的基本结构。如图 3-10 所示，该带弹簧式卸料装置的导柱式落料模与橡胶式卸料装置导柱式落料模的结构相似，不同的是将橡胶换成了弹簧，图中下模增加了导料销和挡料销等，结构更加完整。该落料模的模架由上模座 1、下模座 14、导柱 18 和导套 19 组成。上模主要有模柄 5、上模座 1、凸模 10、凸模固定板 9、卸料弹簧 2 和卸料板 11 等零件。落料模的弹簧式卸料装置由卸料板 11、卸料螺钉 3 和卸料弹簧 2 等零件组成。卸料板 11 通过卸料螺钉 3 固定在上模座 1 上，卸料弹簧 2 安装在卸料螺钉 3 上。下模主要有下模座 14、凹模 12、导料销 20 和挡料销 17 等零件。凹模 12 通过销钉和内六角螺钉定位，安装在下模座 14 上。板料的定位装置由导料销 20 和挡料销 17 等零件组成。导料销和挡料销分别安装在凹模的顶面，控制板料送进时的前后位置，挡料销 17 嵌在板料的落料孔中，控制板料的送进距离。

② 带弹簧式卸料装置的导柱式落料模的工作过程。落料模工作时，板料先沿导料销 20

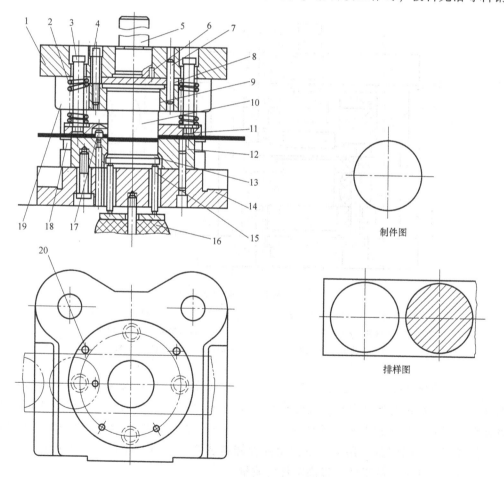

图 3-10 带弹簧式卸料装置的导柱式落料模

1—上模座　2—卸料弹簧　3—卸料螺钉　4—螺钉　5—模柄　6—防转销　7—销钉　8—垫板

9—凸模固定板　10—凸模　11—卸料板　12—凹模　13—顶件块　14—下模座　15—顶杆

16—弹顶器　17—挡料销　18—导柱　19—导套　20—导料销

送至挡料销 17 定位，然后上模下行，导柱进入导套中，同时卸料板在弹簧的弹力作用下压住板料，上模继续下行，直到完成板料与制件的分离，此时弹簧被压缩。从板料上分离后的制件直接从凹模孔和下模座孔中掉下来，完成落料。上模回程时，箍在凸模上的余料靠弹簧式卸料装置进行卸料，即上模刚开始回程上移时，弹簧欲恢复原状，便推动卸料板 11 紧压在板料上不动（此时凸模随着上模座回程上移），直到弹簧恢复，余料从凸模上卸下来，卸料板才随着上模一起回程。

4）导柱式冲孔模。

① 导柱式冲孔模的基本结构。图 3-11 所示为单工序导柱式倒装式冲孔模。因为模具的凹模 9 在上模上，凸模 3 在下模上，所以该模具为倒装式冲孔模。上模主要由模柄、上模座 12、凹模 9、垫板 11、支承块 10 和橡胶 14 等零件组成。凹模用圆柱销 16 和内六角螺钉 15 定位并紧固在上模座上。下模主要由下模座 1、凸模 3、凸模固定板 17 和卸料板 5 等零件组成。弹性卸料装置由顶件块 7、卸料板 5、卸料螺钉 2、橡胶 4 和橡胶 14 等零件组成。上模的橡胶 14 与顶件块 7 配合，下模的橡胶 4 与卸料板 5 配合，构成两组弹性卸料装置。

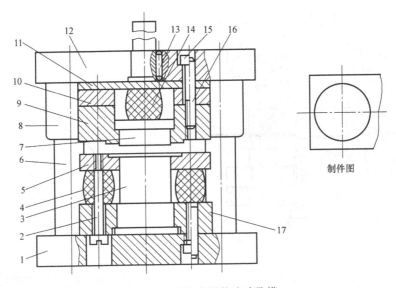

图 3-11 导柱式倒装式冲孔模

1—下模座 2—卸料螺钉 3—凸模 4、14—橡胶 5—卸料板 6—导柱
7—顶件块 8—导套 9—凹模 10—支承块 11—垫板 12—上模座
13—止动销 15—内六角螺钉 16—圆柱销 17—凸模固定板

② 导柱式冲孔模的工作过程。在冲孔之前，上模下行，卸料板与凹模紧压住板料，上模继续下压将板料进行冲裁分离，此时橡胶 4 和 14 被压缩。上模回程时，橡胶 4 推动卸料板将箍在凸模上的制件卸下来，顶件块 7 在橡胶 14 的弹力作用下，将凹模中的余料顶出。由于制件较薄，故该模具采用上、下两组弹性卸料装置。该弹性卸料装置除具有卸料作用外，还可保证冲孔零件的平整，提高零件的质量。

5）卸料板兼做保护套的导柱式多孔冲孔模。图 3-11 中的模具只有一个凸模和一个凹模，故在模具的一次工作行程中，只能冲 1 个孔，而图 3-12 中的导柱式多孔冲孔模在一次工作行程中，可同时冲多个孔，大大提高了生产效率。

① 导柱式多孔冲孔模的基本结构。图 3-12 所示为导柱式多孔冲孔模。模具的上模主要由模柄 16、上模座 11、凸模 6、7、8、15、凸模固定板 13、卸料板 21、弹簧 10 和导套 9 等零件组成。凸模全部安装在上模部分。凸模 6 和 15 比较细长，为提高其强度和导向精度，卸料板 21 套在各个凸模的外部，对凸模兼起全程导向、定位作用，只要凸模伸出卸料板 21，便进行冲孔。这种结构大大提高了凸模的强度，并保证了各孔的位置精度。下模主要由下模座 1、凹模 4、导柱 3、定位圈 5 等零件组成。弹性卸料装置由卸料板 21、卸料螺钉 12 等组成。由于制件是空心件，采用定位圈定位精度更高。定位圈 5 由圆柱销 2 和六角螺钉 20 固定在下模座上。制件在冲孔之前先要通过定位圈定位。

② 导柱式多孔冲孔模的工作过程。该模具加工的特点是能够在制件底部一次性冲出所有孔。当上模下行时，卸料板 21 依靠弹簧 10 的弹力压紧制件，使制件紧贴定位圈 5。上模继续下行，凸模沿着卸料板上的孔向下移动，对制件进行冲孔，冲下的余料沿凹模孔和下模座孔落下。上模回程时，弹性卸料装置起作用，将板料从凸模上卸下来。

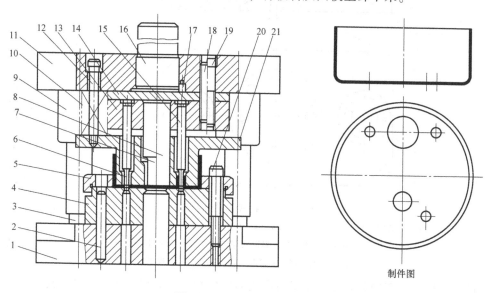

图 3-12 导柱式多孔冲孔模

1—下模座 2、18—圆柱销 3—导柱 4—凹模 5—定位圈 6、7、8、15—凸模
9—导套 10—弹簧 11—上模座 12—卸料螺钉 13—凸模固定板 14—垫板
16—模柄 17—止动销 19、20—六角螺钉 21—卸料板

6）有凸模护套的导柱式小孔冲孔模。如图 3-13 所示，该模具是加工小孔的冲模。凸模 7 比较细长，为保护凸模，在凸模外部加了两个保护零件，即凸模护套 9 和扇形块 10，对凸模起导向和定位作用，只要凸模伸出保护套，便进行冲孔。这种结构大大提高了凸模的导向精度和强度。扇形块 10 安装在扇形块固定板 11 中，并套在凸模 7 的上端。扇形块 10 的下端有三个扇形齿，而凸模护套 9 的上端面有三个结构相同的扇形齿，当弹簧被压缩时，扇形块 10 上的齿便与凸模护套 9 上的齿啮合，一同保护凸模。

导柱 4 安装在上模座 15 上，不仅对上模座 15 和下模座 1 进行导向，还对卸料板 6 进行导向。在冲裁过程中，上模座 15、导柱 4 和卸料板 6 一同运动，严格保证了卸料板中的凸模护套 9 精确地和凸模 7 配合，保护凸模不发生弯曲。

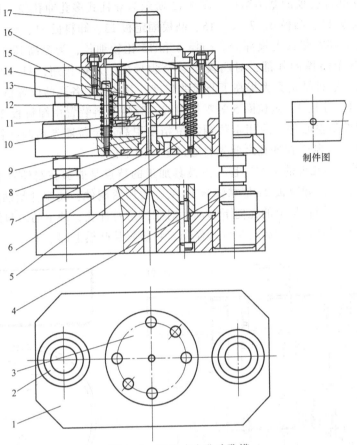

图 3-13　导柱式小孔冲孔模

1—下模座　2、5—导套　3—凹模　4—导柱　6—卸料板　7—凸模　8—托板
9—凸模护套　10—扇形块　11—扇形块固定板　12—凸模固定板　13—弹簧
14—垫板　15—上模座　16—螺钉　17—模柄

　　该模具结构保证在冲裁孔径小于材料厚度的板料时，仍能获得断面光洁的孔。

　　7）斜楔式侧面小孔冲孔模。如图 3-14 所示，该模具是对制件侧面的小孔进行冲裁，利用斜楔和滑块之间的相对运动关系，把固定在上模的斜楔 7 的垂直运动变为滑块 4 的水平运动，从而带动凸模 16 在制件侧面进行冲孔。依靠滑块在导滑槽内的滑动来控制凸模 16 与凹模 20 之间的位置。上模回程时滑块的复位靠橡胶的弹性恢复来完成。为保证冲孔位置的准确，压料板 14 在冲孔之前将制件压紧。这种结构的凸模常对称分布，最适宜制件侧面有对称孔的冲裁，主要用于冲裁空心件或弯曲件等制件上的侧孔、侧槽和侧切口等。

　　单工序冲裁模结构简单，模具一般只有一个凸模和一个凹模，但由于模具产品大部分结构比较复杂，因此单工序冲裁模没有复合模和级进模应用的场合多。

　　2. 复合模

　　（1）复合模的结构特点及种类

　　1）复合模的定义。复合模是指在压力机的一次工作行程中，在同一工位上同时完成两道或两道以上冲压工序的冲压模。复合模是多工序冲压模。

　　2）复合模的结构特点。在一副复合模具中有一个凸凹模，它既是落料的凸模又是冲孔

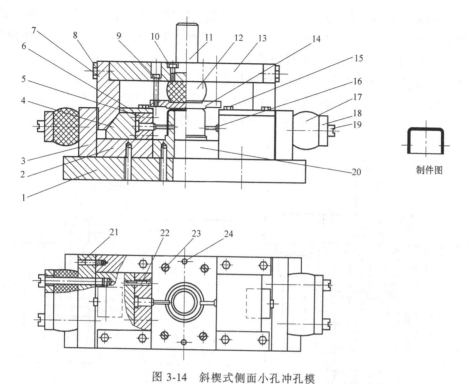

制件图

图 3-14 斜楔式侧面小孔冲孔模

1—下模座 2—导套 3—挡板 4—滑块 5—凸模固定板 6—垫板 7—斜楔

8、10、15、19、21、23—螺钉 9—卸料螺钉 11—模柄 12、17—橡胶 13—上模座

14—压料板 16—凸模 18—托板 20—凹模 22、24—圆柱销

的凹模，或者既是落料的凸模又是拉深的凹模等。图 3-15 所示为落料-冲孔复合模的基本结构，图 3-15a 为复合模的开模状态。图 3-15b 为复合模的合模状态。图 3-15a 中的凸凹模 2 与落料凹模 3 相互配合完成落料工序，同时凸凹模 2 与冲孔凸模 1 相互配合完成冲孔工序。落料-冲孔复合模的工作关系如图 3-16 所示。

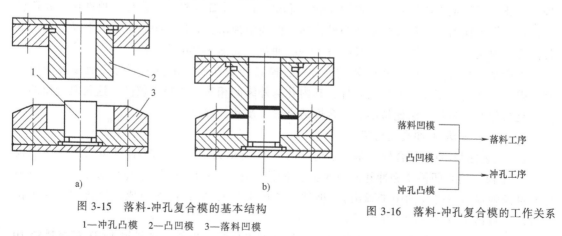

a)　　　　　　　　　　　　b)

图 3-15 落料-冲孔复合模的基本结构

1—冲孔凸模 2—凸凹模 3—落料凹模

图 3-16 落料-冲孔复合模的工作关系

3）复合模的种类。按凸凹模在模具中安装位置的不同，复合模分为正装式（顺装式）复合模和倒装式复合模。

图 3-17 所示为正装式复合模。该模具的凸凹模安装在上模上，落料凹模和冲孔凸模安装在下模上。顶杆 2 和顶件块 4 安装在下模上。上模回程时，加工后的制件由顶件装置，即弹顶器 1、顶杆 2 和顶件块 4 等从凹模内顶出。

图 3-18 所示为一种倒装式复合模。该模具的凸凹模安装在下模上，落料凹模和冲孔凸模安装在上模上。顶件装置中的打杆 3、推杆 1、推板 2 和顶件块 5 均安装在上模上。上模回程时，加工后的制件由打杆 3、推杆 1、推板 2 和顶件块 5 等合力从凹模内顶出。

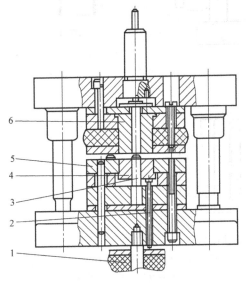

图 3-17　正装式复合模

1—弹顶器　2—顶杆　3—冲孔凸模

4—顶件块　5—落料凹模　6—凸凹模

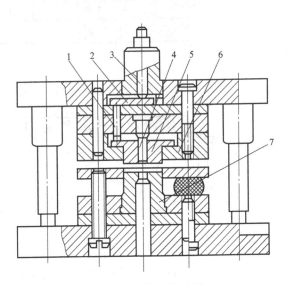

图 3-18　倒装式复合模

1—推杆　2—推板　3—打杆　4—冲孔凸模

5—顶件块　6—落料凹模　7—凸凹模

4）倒装式复合模工作过程。如图 3-19a 所示，板料送进模具，上模下行，卸料板和落料凹模夹紧板料，准备冲裁。落料凹模与凸凹模配合进行落料，冲孔凸模与凸凹模配合进行冲孔，此时弹簧处于压缩状态，如图 3-19b 所示。推件装置（打杆、推杆、顶件块）将制件从落料凹模中推出，冲孔余料从凸凹模孔和下模座中掉落，如图 3-19c 所示。上模上行，制件随着板料送进被推出模具，模具准备下一次冲裁，如图 3-19d 所示。

无论是正装式复合模还是倒装式复合模，模具均是在同一工位上同时完成多道冲压工序。因此，经复合模加工成形的制件，其内孔与外缘的相对位置精度较高，这是复合模的优势，是其他冲压模具无法比拟的。复合模适合加工多孔板件。

（2）正装式落料-冲孔复合模

1）正装落料-冲孔复合模的基本结构。图 3-20 所示为正装式落料-冲孔复合模。凸凹模 10 位于上模，落料凹模 7 和冲孔凸模 5 位于下模。顶件装置由顶杆 1、顶件块 6 和装在下模座底部的弹顶器组成（图中未画出）。推件装置由推杆 9 和打杆 15 组成。板料的导向定位装置由导料销 18 和挡料销 19 组成。

2）正装落料-冲孔复合模的工作过程。复合模工作时，板料经导料销 18 送至挡料销 19 定位。上模下压，凸凹模 10 的外缘和落料凹模 7 配合进行落料，同时冲孔凸模 5 与凸凹模 10

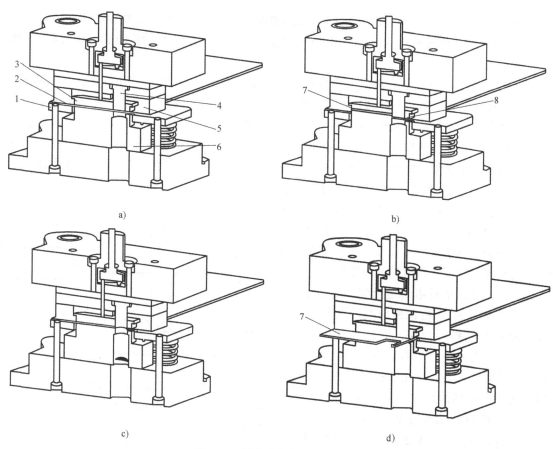

图 3-19　倒装式复合模工作过程

1—卸料板　2—板料　3—顶件块　4—冲孔凸模　5—落料凹模　6—凸凹模　7—制件　8—冲孔余料

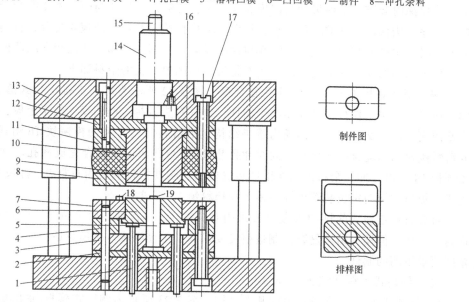

图 3-20　正装式落料-冲孔复合模

1—顶杆　2、12—垫板　3—凸模固定板　4—垫块　5—冲孔凸模　6—顶件块　7—落料凹模　8—卸料板　9—推杆
10—凸凹模　11—凸凹模固定板　13—模架　14—模柄　15—打杆　16—橡胶　17—卸料螺钉　18—导料销　19—挡料销

的内孔配合进行冲孔。上模回程时，落料后的制件卡在落料凹模内腔，由顶件块 6 顶出。卸料板 8 和橡胶 16 将箍在凸凹模 10 上的余料卸下，冲孔余料卡在凸凹模 10 内，由打杆 15 和推杆 9 推出。

从正装式落料-冲孔复合模的工作过程可以看出，凸凹模 10 和顶件块 6 始终压紧板料，制件是在压紧的状态下进行冲裁的，冲出的制件平直度较高。因此，正装式复合模比较适用于冲制材质较软或较薄的板料。由于制件的平直度要求较高，因此可以冲制孔间距和孔边距均较小的制件。冲孔凸模每次冲出的冲孔余料均由推杆 9 推出凸凹模外，凸凹模孔内不会因积存余料而引起胀裂，但由于弹顶器（图中未画）和弹压卸料装置的作用，分离后的制件

容易被嵌入余料的边缘中影响后续操作。加工后，制件和冲孔余料都落在落料凹模面上，需及时清理，以免影响下一次冲压。这种加工方法生产率较低，尤其是在冲制的孔较多时，模具结构也较复杂。

（3）正装式落料-拉深复合模 图 3-21 所示为正装式落料-拉深复合模。这种模具一般是先落料后拉深，因此设计模具时，为防止落料时受到拉深凸模 4 干涉，拉深凸模 4 的上端面应比落料凹模 6 的上端面低一个板料的厚度。复合模工作时，坯料送入模具凸凹模 2 和落料凹模 6 之间，上模下行，凸凹模 2 的外缘和落料凹

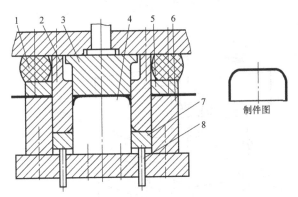

制件图

图 3-21 正装式落料-拉深复合模
1—橡胶 2—凸凹模 3—推件块 4—拉深凸模
5—卸料板 6—落料凹模 7—顶件块 8—顶杆

模 6 配合完成制件的落料工序，落下的毛坯被顶件块 7 及凸凹模 2 配合压紧并校平，以防止下一步拉深时起皱。上模带动凸凹模 2 继续下行，通过凸模 4 与凸凹模 2 的配合完成制件的拉深工序。为保证制件的底部平整，拉深时，推件块 3 与拉深凸模 4 配合，将制件压紧。上模回程时，顶杆 8 和顶件块 7 将箍在拉深凸模 4 上的制件顶起，使之留在凸凹模 2 中，再由推件块 3 从凸凹模 2 内推出。卸料板 5 将箍在凸凹模 2 上的余料卸下。

（4）对头直排正装式落料-冲孔复合模 图 3-22 所示为对头直排正装式落料-冲孔复合模。该模具一次工作行程可冲制两个制件，制件对头直排。凸凹模 7 位于上模，模具上有两个凸凹模，前后交错排列。凹模为镶拼结构，由落料凹模 4 和凹模镶块 16 组成。凸凹模 7 和落料镶拼凹模配合完成落料，同时冲孔凸模 17 与凸凹模 7 配合完成冲孔。冲裁后，制件由顶板 14 顶出，冲孔余料由刚性推件装置推出。刚性推件装置由打杆 9、打板 10、推杆 12 组成。板料的导向定位装置由导料销 5 和挡料销 13 组成。

对头直排正装式落料-冲孔复合模采用对头排样，一次冲制两个制件，可大大节省材料，提高生产率，但模具结构复杂，制造精度要求高，维修困难。该模具适于加工小尺寸薄板和精度要求不高的制件。

（5）倒装式落料-冲孔复合模（1）

1）倒装式落料-冲孔复合模的基本结构。图 3-23 所示为倒装式落料-冲孔复合模。凸凹模 2 装在下模上，落料凹模 5 和冲孔凸模 6 装在上模上。倒装式复合模通常采用刚性推件装置将卡在凹模中的制件推出。刚性推件装置由打杆 7、推板 8、推杆 9 和推件块 10 组成。采

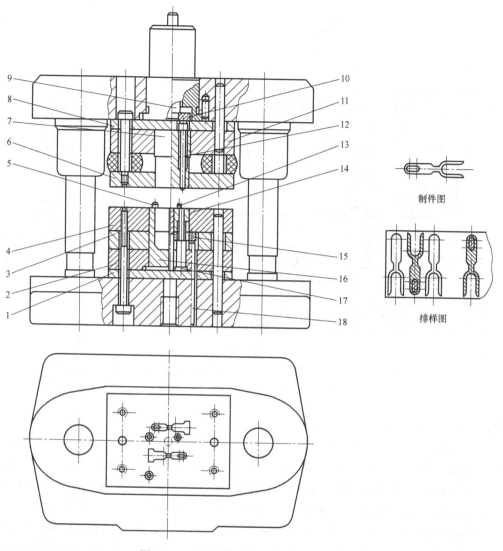

图 3-22 对头直排正装式落料-冲孔复合模

1、8—垫板 2—凹模固定板 3—凸凹模固定板 4—落料凹模 5—导料销
6—卸料板 7—凸凹模 9—打杆 10—打板 11—上模固定板 12—推杆 13—挡料销
14—顶板 15—托板 16—凹模镶块 17—冲孔凸模 18—顶杆

用刚性推件的倒装式复合模，推件装置中没有弹簧压紧板料，因此板料不是在被压紧的状态下冲裁，平直度不高。如果在上模内设置弹性元件，即采用弹性推件装置，就可以加工材质较软、板料厚度小于 0.3mm 或平直度要求较高的制件。该模具没有顶件装置，因此结构比较简单，操作方便。

2）倒装式落料-冲孔复合模的工作过程。图 3-23 所示的复合模工作时，制件外形由凸凹模 2 和落料凹模 5 配合冲裁完成，制件上的孔由冲孔凸模 6 和凸凹模 2 配合冲裁完成。上模回程时，落料后的制件卡在落料凹模 5 的内腔中，由刚性推件装置顶出，卸料板 12 将箍在凸凹模 2 上的余料卸下，冲孔余料直接从凸凹模 2 的内孔和下模座的孔中落下。板料的定位依靠导料螺钉 11 和活动挡料销 4 来完成。非工作时，活动挡料销 4 由弹簧 3 顶起，可供

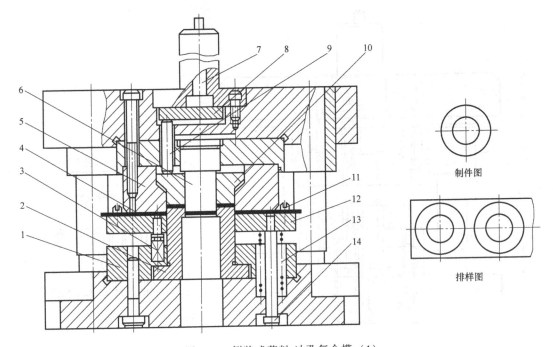

图 3-23　倒装式落料-冲孔复合模（1）

1—凸凹模固定板　2—凸凹模　3、13—弹簧　4—活动挡料销　5—落料凹模　6—冲孔凸模
7—打杆　8—推板　9—推杆　10—推件块　11—导料螺钉　12—卸料板　14—卸料螺钉

定位；工作时，活动挡料销 4 被压下。

（6）倒装式落料-冲孔复合模（2）　图 3-24 所示为另一种倒装式落料-冲孔复合模。凸凹模 18 装在下模上，落料凹模 17 和冲孔凸模 14 装在上模上。刚性推件装置由打杆 12、推板 11、推杆 10 和推件块 9 组成。复合模工作时，制件外形由凸凹模 18 和落料凹模 17 配合冲裁完成，制件上的孔由冲孔凸模 14、16 与凸凹模 18 配合冲裁完成。上模回程时，落料后的制件卡在落料凹模 17 的内腔中，由刚性推件装置顶出，卸料板 4 将箍在凸凹模 18 上的余料卸下，冲孔余料从凸凹模 18 的内孔和下模座 1 的孔中落下。板料的定位依靠导料销 20 和由弹簧弹顶的活动挡料销 5 来完成。

（7）一模六件倒装式复合模　图 3-25 所示为一模六件倒装式落料-冲孔复合模。该模具一次行程可同时冲裁六个制件。制件的宽度等于板料的宽度。

凸凹模 2 装在下模上，落料凹模 18 和冲孔凸模 9 装在上模上。落料凹模 18 上每间隔一个制件宽度为一个落料凹模孔，因此，凹模 18 上从左向右排列着三个凹模孔。复合模工作时，三个相隔的制件外形由凸凹模 2 与落料凹模 18 配合冲裁完成，同时由冲孔凸模 9 与凸凹模 2 配合冲制完成制件上的孔。由于制件的宽度等于板料的宽度，故另外相隔的三个制件外形不必冲裁便可以获得，它们上面的三个孔和两边的槽，分别由下模上的冲孔凸模 4、22、24 与落料凹模 18 配合冲裁一次性完成。模具的刚性推件装置由推料板 7、推杆 10、打杆 12、打板 13、推板 17 组成。板料的定位由活动挡料螺钉 5 和挡料螺钉 23 完成。

一模六件倒装式复合模最大的优点是省料，但结构复杂，各凸模之间的安装精度要求很高，维修困难，制件精度难以保证。故该模具只适用于加工外形精度要求不高的薄板制件。

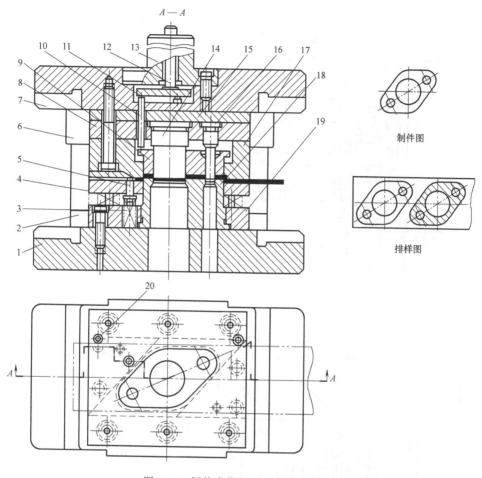

图 3-24　倒装式落料-冲孔复合模（2）

1—下模座　2—导柱　3—弹簧　4—卸料板　5—活动挡料销　6—导套　7—上模座
8—凸模固定板　9—推件块　10—推杆　11—推板　12—打杆　13—模柄　14、16—冲孔凸模
15—垫板　17—落料凹模　18—凸凹模　19—固定板　20—导料销

（8）倒装式落料-冲孔-切断复合模　图 3-26 所示为倒装式落料-冲孔-切断复合模，一模两腔，即模具一次行程可完成两个制件的加工。凸凹模 7 装在下模上，落料凹模 6、冲孔凸模 5 和切断凸模 4 均装在上模上。制件上的孔由冲孔凸模 5 和凸凹模 7 配合冲裁完成，制件外形由凸凹模 7 和落料凹模 6 配合冲裁完成。制件的切断由凸凹模 7 和切断凸模 4 配合冲裁完成。

倒装式复合模加工的制件平整性较差，不能冲制孔间距和孔边距均较小的制件。另外，由于倒装式复合模的凸凹模位于下模，凸凹模的孔内易积存余料，使孔内胀力增大，若凸凹模壁厚尺寸较小则容易引起凸凹模爆裂。但倒装式复合模的结构比较简单，操作比较方便，能满足大部分制件精度的要求，因此应用较广泛。

3. 级进模

（1）级进模的结构特点及种类

1）级进模的定义。级进模也称连续模、跳步模，是指在压力机的一次工作行程中，在

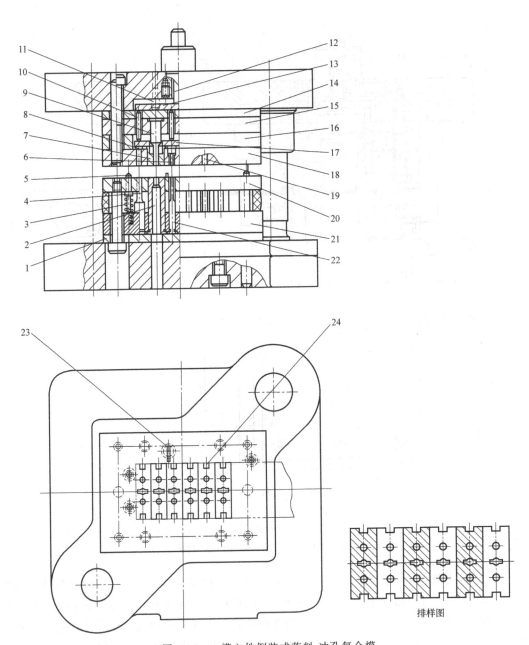

图 3-25 一模六件倒装式落料-冲孔复合模

1、14—垫板 2—凸凹模 3—弹簧 4、9、22、24—冲孔凸模 5—活动挡料螺钉

6、8、19—推料杆 7—推料板 10—推杆 11—导向钉 12—打杆 13—打板 15—上固定板

16—衬板 17—推板 18—落料凹模 20—卸料板 21—下固定板 23—挡料螺钉

模具几个不同的工位上依次完成两道或两道以上冲压工序的冲压模。级进模是多工序冲压模。在级进模成形过程中,可依次完成切边、切口、切槽、冲孔、落料等分离工序,也可完成弯曲、拉深等部分成形工序,甚至还可以完成一些装配工序。

2) 级进模的种类。根据定距方式不同,级进模分为两种基本结构类型:用导正销定距的级进模和用侧刃定距的级进模。

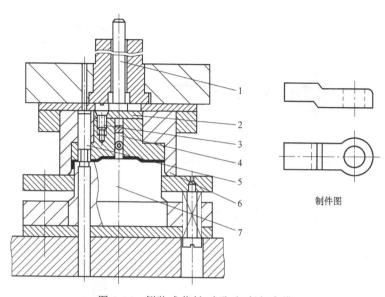

图 3-26 倒装式落料-冲孔-切断复合模
1—打杆 2—垫板 3—顶杆 4—切断凸模 5—冲孔凸模 6—落料凹模 7—凸凹模

3）级进模的结构特点及其冲裁工艺。在级进模中，沿着板料送进的方向排列着多个工位，制件所需的各冲压工序就是在各工位上完成的，即整个制件的成形是在级进过程中逐步完成的。

图 3-27 所示为导正销定距级进模的基本结构。板料送进时要先在 O_1 的工位上冲孔，然后继续送进，在下一工位 O_2 的位置上落料，因此，冲孔凸模 7 和落料凸模 6 分别安装在上模的 O_1 和 O_2 位置上。冲孔凸模与落料凸模之间的距离就是送料步距，又称进距。凹模 1 在下模上，一般将冲孔凹模和落料凹模均做在凹模 1 上。板料的定位装置由导料板 3、导正销 5、固定挡料销 2 和始用挡料销 8 等零件组成。材料送进时由始用挡料销 8 初定位，由固定挡料销 2 粗定位，由导正销 5 精定位。为了保证首件的正确定距，在有导正销定位的级进模中，常采用始用挡料销定距。

始用挡料销的作用是：在模具冲制首件之前（冲制内孔），手推始用挡料销 8 抵住板料的前端进行定位，然后冲制制件直径为 d 的内孔。松开始用挡料销，始用挡料销在弹簧作用下便缩进导料板内，再不起挡料定位作用。在模具进行第二次冲压前（冲孔凸模 7 和落料凸模 6 同时冲制制件直径为 D 的内孔和直径为 d 内孔），始用挡料销 8 不再起作用，此时板料送进一个 a 距离（送进距离 $a=D+b$）。固定挡料销 2 抵住板料送进方向的位置（粗定位），接着上模下行，落料凸模端部的导正销 5 导入直径为 d 的孔中进行精定位，使直径为 d 的孔处在 O_2 的位置上不动。导正销与落料凸模的配合为 H7/r6。之后，每次冲裁均由固定挡料销 2 控制送料步距做粗定位，导正销 5 做精定位。导正销头部的形状应有利于导入已冲制的孔中，导正销与孔的间隙配合应适中，既不能过大也不能过小。模具完成第二次冲压后，板料上有直径分别为 D 和 d 的两个孔。在模具进行第三次冲压前，板料仍然是由固定挡料销粗定位，由导正销精定位，但是板料上直径为 D 的孔是套在固定挡料销上定位的，如图 3-27 中的俯视图所示。

采用导正销定距结构简单，当两个定位孔间距较大时，定位也较精确。但是，当冲压较

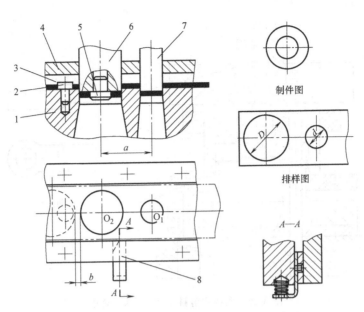

图 3-27 导正销定距级进模的基本结构
1—凹模 2—固定挡料销 3—导料板 4—卸料板 5—导正销
6—落料凸模 7—冲孔凸模 8—始用挡料销

薄（厚度小于 0.5mm）的板料或较软的材料时，导正销导正时，孔的边缘易出现变形，而
细长形的凸模中如果再安装导正销，就会使凸模的强度更低。因此，当冲压较薄的板料、较
软的材料，以及因凸模细长导致强度受影响严重时不宜采用该结构，这时可考虑用侧刃定距
来代替导正销定距。

图 3-28 所示为侧刃定距级进模的基本结构。

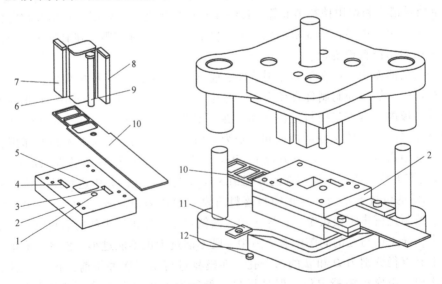

图 3-28 侧刃定距级进模的基本结构
1—冲孔刃口 2—凹模 3、4—步距冲裁刃口 5—落料刃口 6—落料凸模
7、8—定距侧刃 9—冲孔凸模 10—板料 11—制件 12—冲孔余料

在侧刃定距级进模中,板料10送进时的步距是靠固定在上模的定距侧刃7和定距侧刃8控制的。模具加工时,定距侧刃随着上模下行,先在切去一部分侧面的板料,使侧刃卡在板料10上,从而确定板料的送进位置,接着由凸模和凹模配合完成冲裁。

在该级进模中,定距侧刃7和8就相当于凸模,步距冲裁刃口3和4就相当于凹模,在压力机每次的冲压行程中,定距侧刃7与步距冲裁刃口4配合沿板料边缘切下一部分料边,定距侧刃8与步距冲裁刃口3配合沿板料另一侧边缘切下一部分料边。

(2)导正销定距级进模

1)导正销定距级进模的基本结构。图3-29所示为导正销定距冲孔-落料级进模。模具上、下模采用导板导向。模具上模有模柄15、上模座14、导正销8、冲孔凸模18、落料凸模10和凸模固定板11等零件。两个导正销8在落料凸模10的端部。冲孔凸模18和落料凸模10在冲压过程中始终不离开卸料板6,卸料板6兼起导板的作用。模具下模有下模座1、凹模2、固定挡料销3、导料板5、卸料板6、托料板19和始用挡料销22等零件。导料板5固定在凹模2和托料板19上,对板料进行导向定位。

2)导正销定距级进模的工作过程。板料沿着导料板5送进,由始用挡料销22确定板料送进方向的位置,此时板料只在冲孔凸模下方,而落料凸模下方没有板料。上模下行,冲孔

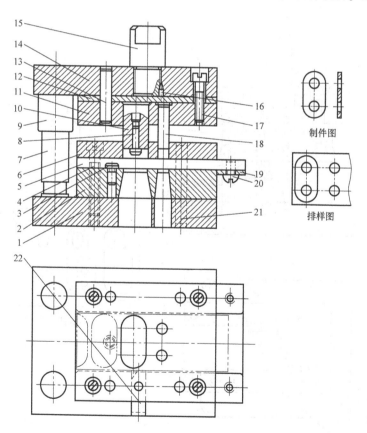

制件图

排样图

图3-29 导正销定距冲孔-落料级进模

1—下模座 2—凹模 3—固定挡料销 4、20、21—螺钉 5—导料板 6—卸料板 7—导柱
8—导正销 9—导套 10—落料凸模 11—凸模固定板 12—垫板 13、17—圆柱销钉
14—上模座 15—模柄 16—止动销 18—冲孔凸模 19—托料板 22—始用挡料销

凸模和落料凸模同时下行，冲孔凸模与冲孔凹模配合在第一个工位完成冲孔，而落料凸模只是走了一个空行程，并未接触到板料，故模具第一次冲压只是冲了两个孔。第二次冲压前，板料继续由右向左送进，固定挡料销做粗定位，导正销导入已加工完成的孔中做精定位。上模继续下行，落料凸模在第二个工位落料，得到一个制件，同时冲孔凸模在第一个工位进行第二次冲孔。之后，压力机每次冲压都会在冲模的两个工位上分别完成冲孔和落料两个分离工序。

（3）双侧刃定距级进模

1）双侧刃定距级进模的基本结构。如图 3-30 所示，模具上、下模采用导板（卸料板12）导向。模具上模有模柄 3、上模座 5、冲孔凸模 8、落料凸模 7、上固定板 6、橡胶 9 和卸料板 12 等零件。卸料板 12 兼起导板的作用，冲孔凸模 8 和落料凸模 7 工作时靠卸料板导向，故冲孔凸模 8 和落料凸模 7 始终不离开卸料板。上固定板 6 用来固定冲孔凸模 8、落料凸模 7 和侧刃 16 等零件。模具下模有导料板 10、承料板 11、凹模 13、下模座 14、侧刃挡块 15、侧刃 16 等零件。两个侧刃代替了图 3-29 所示导正销定距级进模中的始用挡料销、固定挡料销和导正销，控制板料送进距离。

2）双侧刃定距级进模的工作过程。板料沿着导料板 10 送进，上模下行，冲孔凸模、落料凸模和侧刃同时下行，侧刃切去板料一部分边缘进行板料定位，同时，冲孔凸模与冲孔

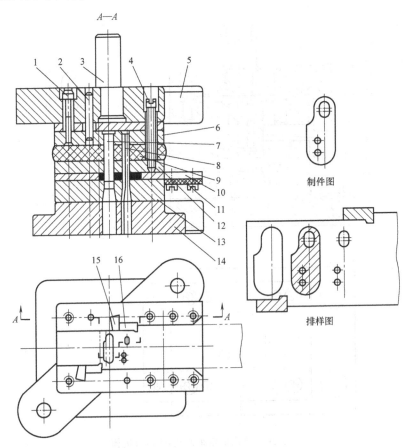

图 3-30　双侧刃定距冲孔-落料级进模

1—螺钉　2—销钉　3—模柄　4—卸料螺钉　5—上模座　6—上固定板　7—落料凸模　8—冲孔凸模
9—橡胶　10—导料板　11—承料板　12—卸料板　13—凹模　14—下模座　15—侧刃挡块　16—侧刃

凹模配合在第一个工位完成冲孔工序。板料由右向左送进，上模继续下行，侧刃再次切边定位，落料凸模在第二个工位完成落料工序，得到制件。之后依次冲压，完成制件的冲制。

为了减少料尾损耗，尤其是工位较多的级进模，可采用两个侧刃前后对角的排列方式。

通常，制件内孔的位置精度要求较高，这就要求级进模定位精确。采用侧刃定距方法控制板料的送进距离，结构较简单且定位精确，因此在级进模中经常用到。但该结构中，侧刃和刃口件不仅安装精度要高，而且由于是易磨损件，需要经常更换，以确保定位精度，并且，该结构不适用于冲制太厚的板料。

（4）引线片侧刃定距级进模 图3-31所示是引线片侧刃定距进模，是一个多工位的级进模。压力机在第一个工位冲制成形排样图中Ⅰ的形状，在第二个工位冲制成形排样图中Ⅱ的形状，在第三个工位冲制成形排样图中Ⅲ的形状，在第四个工位冲制成形排样图中Ⅳ的形状（落料）。为了增强凸模的强度，模具增加了一副小导柱10和小导套9。图中板料的厚度

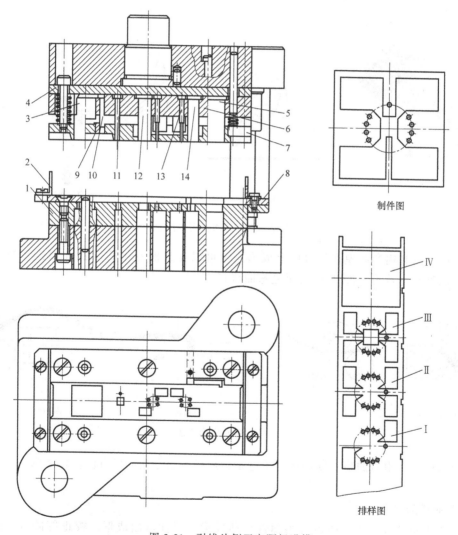

图3-31 引线片侧刃定距级进模

1—凹模 2—安全挡板 3—落料凸模 4—垫板 5—侧刃 6—固定板 7—卸料板

8—导料板 9—小导套 10—小导柱 11、12、13、14—凸模

为 0.15mm，侧刃 5 在板料的一侧冲制侧刃搭边，控制板料的步距。该模具适用于冲裁形状复杂、较薄的制件。

3.5 弯曲模的基本结构及其工作过程

3.5.1 弯曲成形概述及工艺简介

将金属板材、型材、管材等毛坯按照一定的曲率或角度进行变形，从而得到一定角度和几何形状的制件，这种冲压工序称为弯曲成形。

弯曲成形工序是冲压生产中的成形工序之一，可以在常温下进行，也可以在材料加热后进行，通常用于常温下成形弯曲件。弯曲成形的应用很广泛，图 3-32 所示的产品中均有弯曲件。

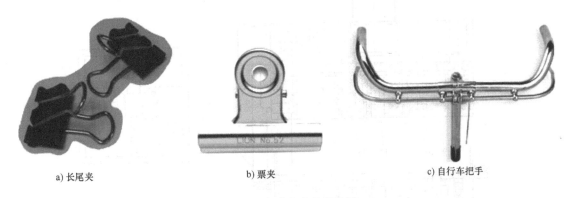

a) 长尾夹　　　　　　　　　b) 票夹　　　　　　　　　c) 自行车把手

图 3-32　部分弯曲件实物图

弯曲件可以利用弯曲模在压力机上成形，也可以在其他专用的设备（如折弯机、辊弯机和拉弯机等）上成形。图 3-33 所示是弯曲成形方法。

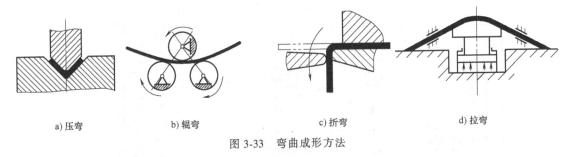

a) 压弯　　　　　　b) 辊弯　　　　　　c) 折弯　　　　　　d) 拉弯

图 3-33　弯曲成形方法

在压力机上，由弯曲模对制件进行压弯是运用最多的弯曲成形方法。以下内容主要介绍压弯工艺。

1. 弯曲成形过程

板料的弯曲成形过程一般可分为弹性弯曲成形、塑性弯曲成形、校正等阶段。图 3-34 所示为板料在 V 形弯曲模上的弯曲成形过程。图 3-34a 所示为板料由定位板定位，图 3-34b 为板料受压导致弯曲变形，图 3-34c 为弯曲成形并校正。

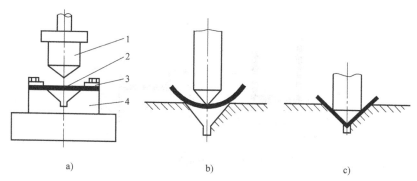

图 3-34 板料在 V 形弯曲模上的弯曲成形过程
1—弯曲凸模 2—板料 3—定位板 4—弯曲凹模

2. 弯曲成形的特点

1) 弯曲变形只发生在弯曲件的圆角附近，直线部分不产生弯曲变形。

2) 在弯曲区域内，沿厚度方向的纤维变形是不同的。弯曲后，内侧的纤维受挤压而缩短，外侧的纤维受拉深而伸长，在内、外侧之间存在着一个中间层，纤维既不会伸长也不会缩短。

3. 影响弯曲件质量的因素

（1）回弹 回弹也称弹复或回跳，是指弯曲件在模具中所形成的弯曲角与弯曲半径在出模后因弹性恢复而改变的现象，如图 3-35 所示。回弹是弯曲过程中常见而又难控制的现象。

为了减少回弹，保证弯曲件的质量，可采用校正弯曲、加热弯曲和拉弯等工艺方法。

（2）弯裂和最小弯曲半径 r_{min} 弯曲时板料外侧切向受到拉深，当外侧切向伸长变形超过材料的塑性极限时，在板料的外侧将产生裂纹，此现象称为弯裂。

在板料厚度一定时，变形程度越大或者弯曲半径 r 越小，越容易产生弯裂。在不产生弯裂的条件下，允许弯曲的最小半径称为最小弯曲半径，以 r_{min} 表示，如图 3-36 所示。

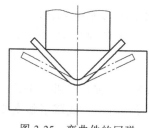

图 3-35 弯曲件的回弹

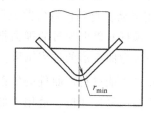

图 3-36 最小弯曲半径 r_{min}

（3）偏移 弯曲件在弯曲过程中沿长度方向产生移动，使制件的尺寸不符合图样要求的现象称为偏移，如图 3-37 所示。

在弯曲过程中为避免偏移，常采用压料装置，或者采用模具上的定位销插入板料孔（或工艺孔）中定位。

3.5.2 常用弯曲模的基本结构及其工作过程

弯曲模的主要工作零件是凸模和凹模，此外，一般还有压料装置、定位装置和导向装置

模具认知

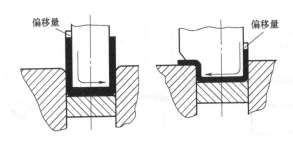

图 3-37　弯曲件的偏移

等，根据零件形状，有些弯曲模还采用辊轮、摆块和斜楔等机构来实现比较复杂的运动。以下主要介绍常用单工序弯曲模的基本结构及其工作过程。

1. V 形件弯曲模

（1）V 形件弯曲模的基本结构　图 3-38 所示为 V 形件弯曲模。该模具主要由模柄 1、上模座 2、凸模 3、凹模 5、下模座 8、顶杆 6、弹簧 7 等零件组成。上模主要有模柄、上模座和凸模等零件，下模主要有定位板、凹模、顶杆、弹簧和下模座等零件。凸模通过销钉固定在上模座上，凹模通过螺钉和销钉固定在下模座上。

（2）V 形件弯曲模的工作过程　模具工作时，凸模下行，顶杆 6 在弹簧 7 的弹力作用下，与凸模 3 一起夹紧板料，防止板料偏移。板料在凸模和凹模的作用下，沿凹模 5 的 V 形槽滑动，直到板料弯曲成形。当凸模上升时，顶杆 6 借助弹簧的弹力把制件顶出凹模，一次弯曲变形的过程结束。

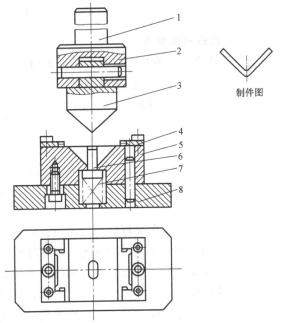

图 3-38　V 形件弯曲模
1—模柄　2—上模座　3—凸模　4—定位板
5—凹模　6—顶杆　7—弹簧　8—下模座

该模具不能进行弯曲件的校正，弯曲件弯曲后会产生回弹，弯曲件底部不平整，因此该模具被称为简易压弯模，适用于加工弯曲半径 r 较大、高度尺寸较小、底部平整度要求不高的小型制件。

2. U 形件弯曲模

（1）U 形件弯曲模的基本结构　图 3-39 所示为 U 形件弯曲模。模具的上模由模柄 10、上模座 9 和凸模 8 等零件组成，下模由下模座 1、凹模 4、定位板 6 和顶料板 7 等零件组成。凸模 8 通过销钉 13 和螺钉 11 固定在模柄上，凹模 4 通过螺钉 14 和圆柱销 2 固定在下模座上，顶料板 7 和橡胶 3 通过卸料螺钉 5 固定在下模座上。板料用定位板 6 定位。

（2）U 形件弯曲模的工作过程　上模下行时，凸模下压板料、顶料板及橡胶，板料在凸模和凹模的作用下，沿凹模的 U 形槽滑动，直到板料弯曲成形，此时橡胶处于被压缩状

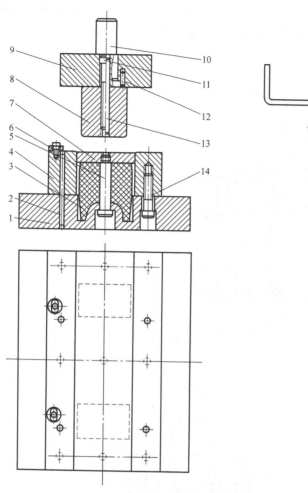

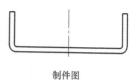

制件图

图 3-39 U 形件弯曲模

1—下模座 2、13—圆柱销 3—橡胶 4—凹模 5—卸料螺钉 6—定位板 7—顶料板
8—凸模 9—上模座 10—模柄 11、14—螺钉 12—止动销

态。上模回程时，落在凹模中的制件在橡胶回弹力的作用下由顶料板顶出。由于板料弯曲变形时顶料板、凸模和凹模一起始终压紧板料，所以弯曲件底部平整，制件质量较好。

3. Z 形件弯曲模

（1）Z 形件弯曲模的基本结构 图 3-40 所示为 Z 形件弯曲模。该模具属于简单弯曲模。模具的上模由上模座 10、模柄 9、凸模 13、活动凸模 4 和橡胶 5 等零件组成。下模由下模座 15、凹模 1、挡料销 2、定位销 3 和顶出螺钉 18 等零件组成。该模具有两个凸模，活动凸模 4 和凸模 13，这两个凸模之间有相对运动。凸模 13 通过紧固螺钉 11 固定在上模座 10 上，活动凸模 4 和压块 7 通过紧固螺钉固定在凸模托板 14（也是卸料板）上，凸模托板 14 和橡胶 5 再通过卸料螺钉 12 固定在上模座 10 上，反侧压块 17 通过紧固螺钉 16 固定在下模座 15 上，凹模 1 与顶出螺钉 18 固定在一起。凹模上表面固定一个定位销 3，反侧压块上固定一个挡料销 2，定位销 3 和挡料销 2 在压力机冲压前用来定位坯料。挡料销粗定位，定位销精定位。将板料上的孔（或工艺孔）套在定位销上，防止板料在弯曲成形的过程中偏移。合模冲压时，定位销3插入活动凸模4的孔中定位。反侧压块17在压力机冲压时为凹模1导向，并协助凹模1完成板料左侧和右侧的弯曲成形，同时平衡上、下模在水平方向的受力。

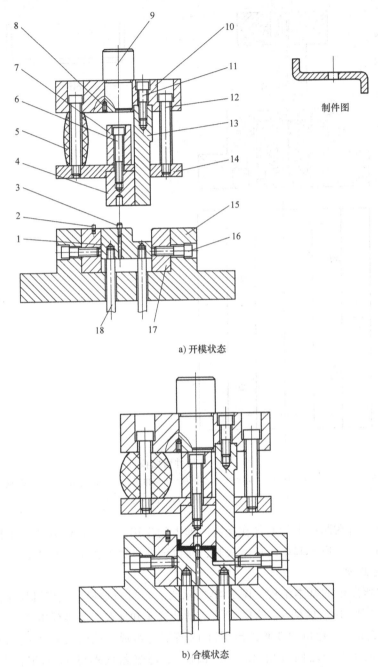

图 3-40 Z形件弯曲模

1—凹模 2—挡料销 3—定位销 4—活动凸模 5—橡胶 6、11、12、16—螺钉 7—压块
8—防转销 9—模柄 10—上模座 13—凸模 14—凸模托板 15—下模座 17—反侧压块 18—顶出螺钉

（2）Z形件弯曲模的工作过程 压力机工作之前，活动凸模4和凸模13的下端面是平齐的，而弯曲板料时，为了使板料弯曲成Z形，凸模4和凸模13之间会有相对运动。压力

机工作时，上模下行，活动凸模 4 和凸模 13 与凹模 1 配合将板料压紧。上模继续下行，橡胶产生的弹压力使凸模 4 和凸模 13 推动凹模 1 向下移动，凸模 4 与反侧压块之间配合完成板料左端的弯曲成形。当凹模 1 接触到下模座 15 后，凸模 13 相对于活动凸模 4 继续向下移动，与凹模 1 配合完成板料右端的弯曲成形。上模继续下行，压块 7 与上模座 10 的底面相接触，对制件进行校正（被压紧），如图 3-40b 所示。

4. 圆形件弯曲模

（1）圆形件弯曲模的基本结构　图 3-41 所示为圆形件弯曲模。上模由凸模 8、支架 4、转轴 5、模柄 6、支承 7 等零件组成。下模由摆动凹模 10、转轴 2、固定板 3、挡料板 9、定位块 11、下模座 12、顶板 13、顶杆 14 等零件组成。上模中的凸模安装在支架 4 上，支承 7 可绕着转轴 5 摆动。摆动凹模 10 是一个特殊的杠杆，可绕转轴 2 摆动。转轴 2 将摆动凹模 10 固定在固定板 3 上，压力机工作时，摆动凹模 10 可沿着定位块 11 的内表面，绕着转轴 2 摆动一定的角度，定位块 11 固定在下模座 12 上不动。摆动凹模 10 的底面与顶板 13 接触，凹模摆动时下压顶板 13 和顶杆 14，使它们向下移动。

（2）圆形件弯曲模的工作过程　压力机工作时，上模下行，凸模 8 下压板料，进入摆动凹模 10 中，随着凸模 8 不断下压，摆动凹模 10 的下端不断受力，其上端的开口便逐渐减小，内腔形成一个圆形。为了获得质量较好的制件，要先将板料弯曲成 U 形件，如图 3-40e 所示。上模继续下行，再将 U 形件弯曲成圆形件，此时，顶板 13 被摆动凹模下压，紧紧贴在下模座上。凸模回程时，顶杆和顶板向上移动，推着摆动凹模摆动，摆动凹模开口逐渐增大，待凸模和制件从凹模中完全移出后，推开支承 7，将制件沿着凸模轴线方向推下。

如果制件精度要求较高，可旋转制件连冲几次，以获得较好的圆度。

该模具生产率较高，但由于圆形制件在弯曲时的回弹较大，会在制件的接缝处留有缝隙和少量直边，导致制件的精度较差，另外，模具结构也较复杂。

圆形件一般都要经过多次弯曲成形才能满足图样要求。根据制件的精度、回弹性和厚度等条件，可以采用一次弯曲成形方法、二次弯曲成形方法或三次弯曲成形方法。板料厚度尺寸较小，制件回弹较小，且精度要求不高时，可采用一次弯曲成形；板料厚度尺寸较大，制件回弹较大，且精度要求高时，可采用三次弯曲成形，但生产率较低。一般用弯曲模弯曲中、小型圆形件，大型圆形件一般采用辊弯成形。

5. 弯曲角小于 90°的 U 形件弯曲模

（1）弯曲角小于 90°的 U 形件弯曲模的基本结构　图 3-42 所示为弯曲角小于 90°的 U 形件弯曲模。在凹模 8 的两侧角装有一对可转动的凹模镶件 7，其缺口夹角与弯曲件外形的角度相对应。模具未工作时，凹模镶件 7 受拉簧 11 的作用处于图 3-42 中所示位置。凸模 6 工作时，与凹模镶件 7 配合压制板料，使其弯曲成所需角度，此时拉簧处于拉伸状态。限位螺钉 2 限制凹模镶件转动的角度。凹模安装在下模座 9 上，由螺钉 1 固定。弹簧 3、顶杆 4 和定位销 5 安装在弹簧套筒 10 和凹模 8 中，凸模下行压制板料时，定位销 5 插入凸模 6 的孔中定位，同时随着凸模一起下行，弹簧 3 被压缩，凸模回程时，弹簧力使顶杆 4 推动制件上移。

（2）弯曲角小于 90°的 U 形件弯曲模的工作过程　模具工作时，板料在凹模 8 和定位销 5 上定位，凸模 6 下行，板料先在凹模 8 内弯曲成直角。随着凸模的下压，制件底部接触到凹模镶件 7，凹模镶件会随着凸模的继续下压而转动，最后制件被压制成凸模 6 端部的形状。凹模镶件的转动角度由限位螺钉 2 控制。凸模回程时，弹簧力推动顶杆和制件一起上移，

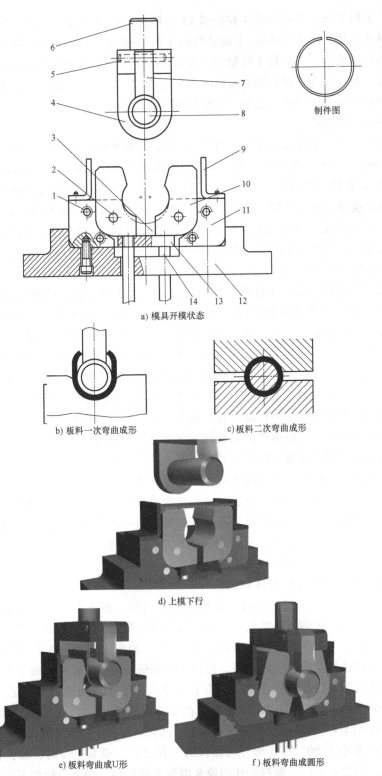

制件图

a) 模具开模状态

b) 板料一次弯曲成形

c)板料二次弯曲成形

d) 上模下行

e) 板料弯曲成U形

f) 板料弯曲成圆形

图 3-41　圆形件弯曲模

1—螺钉　2、5—转轴　3—固定板　4—支架　6—模柄　7—支承　8—凸模
9—挡料板　10—摆动凹模　11—定位块　12—下模座　13—顶板　14—顶杆

#nt=3

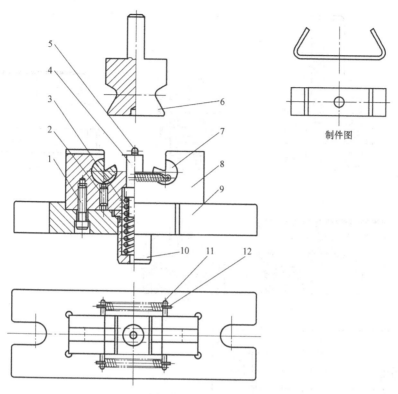

图 3-42　弯曲角小于 90°的 U 形件弯曲模

1—螺钉　2—限位螺钉　3—弹簧　4—顶杆　5—定位销　6—凸模　7—凹模镶件
8—凹模　9—下模座　10—弹簧套筒　11—拉簧　12—拉簧轴

将制件顶出凹模，此时可将制件从凸模上取出。同时凹模镶件在拉簧的作用下也上移，并逐渐复位到图 3-42 中的位置。

6. 滑轮弯曲模

（1）滑轮弯曲模的基本结构　图 3-43 所示为滑轮弯曲模。模具上模由压板 1、连接片 2、凸模支架 3、模柄 5、销钉 6、滑轮 8 等零件组成，滑轮两端安装着连接片，并最终固定在凸模支架 3 上，滑轮 8 可沿凹模 10 上的斜槽面摆动。弹簧 4 安装在压板 1、凸模支架 3 和模柄 5 中，压板可随着弹簧移动。下模由下模座 9、凹模 10、活动定位钉 11、弹簧 12、手柄 13、推板 14、限位钉 15 等零件组成。手柄 13 拉动推板 14 向前移动，推板上的斜面可使活动定位钉 11 下落；手柄 13 拉动推板 14 向后移动，由限位钉 15 定位。

（2）滑轮弯曲模的工作过程　模具工作时，板料放在凹模 10 上，上面的两个孔与活动定位钉 11 配合定位。上模下行时，压板 1 将板料压紧，活动定位钉 11 插入压板 1 的孔中，上模继续下行，压板 1 压缩弹簧，滑轮 8 带动连接片 2 沿着凹模 10 的斜槽面摆动，将制件压弯成形。上模回程后，制件留在凹模 10 上。拉动手柄 13，将推板 14 向前拉出，使活动定位钉 11 沿着斜面下落，脱离制件。随后，从纵向取出制件。

7. 阶梯 U 形件弯曲模

图 3-44 所示为阶梯 U 形件弯曲模。板料以定位板定位，当上模下行时，凸模 7 压住两

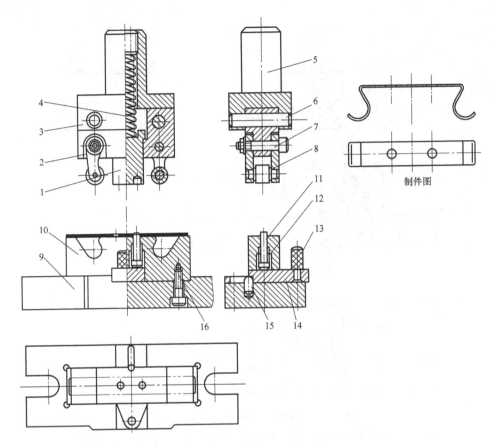

图 3-43　滑轮弯曲模

1—压板　2—连接片　3—凸模支架　4、12—弹簧　5—模柄　6—销钉　7、16—螺钉
8—滑轮　9—下模座　10—凹模　11—活动定位钉　13—手柄　14—推板　15—限位钉

边摆动的凹模 8 的端部，使其向下旋转至水平位置，将制件挤压成形。上模回程时，凹模 8
被顶柱 4 顶起复位，制件也被顶出。该结构用于弯曲成形支架类零件。

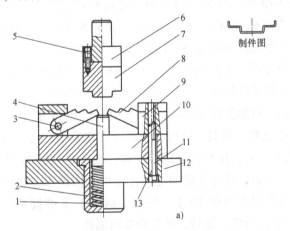

制件图

a)

图 3-44　阶梯 U 形件弯曲模

1—弹簧　2—弹簧套筒　3—销轴　4—顶柱　5、11—螺钉　6—模柄　7—凸模
8—凹模　9—支架　10—凹模垫板　12—下模座　13—销钉

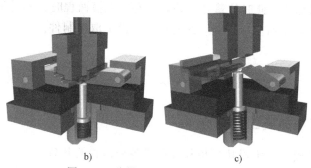

b)   c)

图 3-44 阶梯 U 形件弯曲模（续）

8. 滚轴弯曲模

图 3-45 所示为滚轴弯曲模。滚轴 5 可绕着拉簧销 15 转动。模具未工作时，滚轴 5 受拉簧 16 的作用处于图中所示位置。模具工作时，将板料放在凹模 6 上，凸模 9 与凹模 6 配合，先将板料弯曲成 U 形件，随着凹模 6 逐渐下移，凹模 6 与滚轴 5 配合，驱使滚轴 5 转动，将

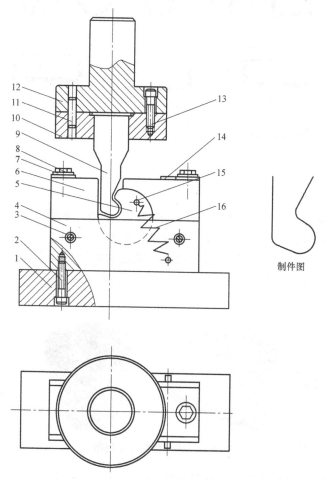

制件图

图 3-45 滚轴弯曲模

1—下模座 2、3、8、13—螺钉 4—挡板 5—滚轴 6—凹模 7—垫圈 9—凸模
10—凸模固定板 11—销钉 12—上模座 14—定位块 15—拉簧销 16—拉簧

U 形件再弯曲成所需形状，此时拉簧处于拉伸状态。上模回程时，制件随着凸模离开滚轴和凹模，拉簧力使滚轴恢复到初始位置。此时可从凸模上取出制件。

3.6 拉深模的基本结构及其工作过程

3.6.1 拉深成形概述及工艺简介

拉深是利用拉深模将一定形状的板料冲压成各种形状的开口空心件或将开口空心件冲压成其他形状空心件的冲压工序。通过拉深可以制成圆筒形、矩形、球形、锥形、盒形、阶梯形，以及不规则和复杂形状的薄壁零件。拉深件种类很多，形状各异，通常分为三种类型：轴对称旋转体拉深件、轴对称盒形拉深件和不规则复杂拉深件，如图 3-46 所示。

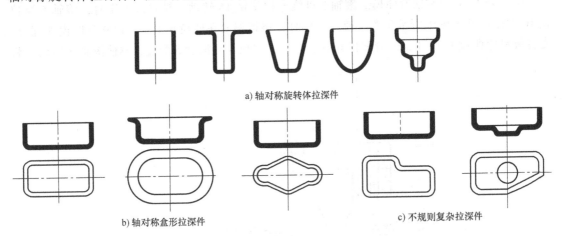

a) 轴对称旋转拉深件

b) 轴对称盒形拉深件　　　　　　　　　　c) 不规则复杂拉深件

图 3-46　拉深件示意图

蒸屉、盆、饭盒、金属瓶盖、锅（电饭锅内胆）、水槽、水桶、电机外壳和端盖等均可使用拉深工艺方法获得，如图 3-47 所示。拉深设备主要是压力机。

采用拉深工艺制造薄壁空心件，制件精度、强度和刚度均较高，并且材料消耗少，因此，在电子、汽车、仪器仪表、航空航天等行业以及日常用品的生产中，拉深工艺占有相当重要的地位。

图 3-47　部分拉深件实物图

拉深时所用的模具与冲裁不同，没有分离工序，凸、凹模刃口有较大的圆角，制件在拉深前后的质量不发生变化。

拉深模可按不同的方式分类：

1）按工序顺序分类，拉深模分为：首次拉深模、后续各次拉深模。它们之间的本质区别在压边圈的结构和定位方式不同。

2）按有无压边装置分类，拉深模分为：带压边装置的拉深模、无压边装置的拉深模。

3）按压边圈在模具中所处位置分类，拉深模分为：正装式拉深模、倒装式拉深模。凸模在上模的拉深模被称为正装式拉深模，凸模在下模的拉深模被称为倒装式拉深模。

4）按模具出件方式分类，拉深模分为：下出件拉深模、上出件拉深模。

5）按使用的设备分类，拉深模分为：单动压力机用拉深模、双动压力机用拉深模、三动压力机用拉深模。它们的本质区别在于压边装置不同（弹性压边和刚性压边）。其中应用最多的是单动压力机用拉深模。

6）按工序的组合分类，拉深模分为：单工序拉深模、复合拉深模、级进拉深模。

以下内容进行拉深成形工艺简介。

1. 拉深成形的过程

图 3-48 所示为制件拉深成形过程的示意图。圆形平板置于拉深凹模上，如图 3-48a 所示。拉深凸模和凹模分别安装在压力机的滑块和工作台上。当凸模向下运动时，凸模的底部首先压住直径为 D_0 的板料，凸模继续向下运动，板料经弹性变形到塑性变形，留在凹模端面的板料外径不断缩小，如图 3-48b 所示。在凸模与凹模之间的板料逐渐被拉成开口件的侧壁，凸模底部的板料被拉成开口件的底部，最后板料被冲压成直径为 d 的开口空心制件，如图 3-48c 和图 3-48d 所示。

拉深通常分为不变薄拉深和变薄拉深。不变薄拉深工艺是指制件被拉深前后的各部分厚度基本不变，变薄拉深工艺是指制件被拉深后的部分厚度变薄。通常所说的拉深主要是指应用较广的不变薄拉深。

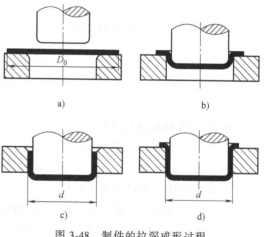

图 3-48　制件的拉深成形过程

2. 拉深成形的特点

1）拉深件各处变形程度不同。拉深件各处变形程度不同，导致各处厚度不一致，如图 3-49 所示。拉深件的上半部分变厚，下半部分变薄，而拉深件与凸模端面接触的部分基本上不变形。

2）拉深件的"危险断面"。拉深件变形区在切向压应力和径向拉应力的作用下，产生

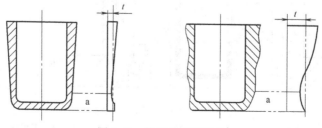

图 3-49　拉深件壁厚变化

切向压缩和径向拉伸的"一压一拉"的变形，因此在拉深件的底部圆角处有严重的变薄现象，称为拉深件的"危险断面"，该处很容易拉裂而造成废品，如图3-49中a区域所示。

3）拉深件易起皱。起皱是指拉深件的凸缘部分或无凸缘拉深件的筒口部分切向压应力过大，在拉深件的凸缘部分或筒口部分产生皱折，轻则影响拉深件的质量，重则导致筒壁破裂，如图3-50所示。因此，拉深模经常使用压边圈来防止起皱。

图3-50　拉深件的拉深起皱现象

4）拉深件的加工硬化现象。拉深件被拉深时有严重的加工硬化现象，越靠近口部，硬度和屈服强度越高。这是因为口部的塑性变形程度最大，加工硬化现象最严重。

3.6.2　常用拉深模的基本结构及其工作过程

一般拉深模的结构不太复杂，但结构类型较多。常见的拉深模有无压边圈的首次拉深模、有压边圈的正装式首次拉深模、有压边圈的倒装式首次拉深模和有压边圈的再次拉深模等。

1. 无压边圈的首次拉深模

（1）无压边圈的首次拉深模的基本结构　图3-51所示为无压边圈的下出件首次拉深模。该拉深模中无压边圈零件，板料是首次被拉深、制件成形后从下模座的孔中自然掉落，因此被称为下出件模具。上模中有上模座1和凸模2，下模中有下模座6、凹模5、卸件器4和定位板3等零件。卸件器4被卡在下模座6和凹模5中不能上下移动。卸件器4中有拉簧，拉簧的弹力使卸件器4箍住凸模2。定位板3依靠螺钉固定在凹模5上，凹模5又依靠定位销和螺钉固定在下模座6上。凸模的工作端有排气孔，能将制件底部的气体顺利地排出凸模，因此横向气孔的高度稍高于卸件器即可，另外，气孔还有卸件的作用。凹模5的孔口通常加

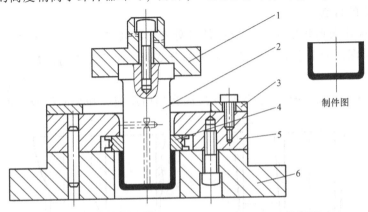

图3-51　无压边圈的首次拉深模

1—上模座　2—凸模　3—定位板　4—卸件器　5—凹模　6—下模座

工成较大倒角或者锥形结构，但当制件的高度与直径之比较小时，也可采用全直壁结构。

（2）无压边圈的首次拉深模的工作过程　拉深模工作时，板料由定位板3定位，凸模2下行推动板料从凹模和卸件器进入。板料被拉到下模座中成形后箍在凸模上，环形拉簧靠弹力也箍住凸模（防止制件随凸模上行）。凸模回程时，制件上端面与卸件器下平面接触，由于卸件器被卡在凹模中不随凸模上行，因此箍在凸模上的制件被卸件器卸下，并从凹模孔中掉落。

（3）无压边圈的首次拉深模的特点

1）结构简单，制造方便。

2）由于工作时凸模要深入凹模，凸模行程较长，故该结构一般只用于浅拉深。

3）适用于拉深材料塑性好、相对厚度较大的制件。

4）成形后的制件精度不高，底部不够平整。

2. 有压边圈的正装式首次拉深模

正装式拉深模是指拉深模中的压边圈在上模，倒装式拉深模是指拉深模中的压边圈在下模。压边圈的作用是在拉深模工作时将板料压紧，防止拉深过程中板料凸缘起皱。在上模回程时，如果制件被凸模带出凹模型孔，压边圈兼起卸料的作用。因此，有压边圈的拉深模，制件的精度较高。

（1）有压边圈的正装式首次拉深模的基本结构　图3-52所示为有压边圈的正装式首次拉深模。该拉深模是简易的拉深模，拉深模中有压边圈零件，板料首次被拉深，制件成形后从下模座的孔中自然掉落。拉深模的上模有上模座11、凸模8、凸模固定板9、压边圈6和弹簧7等零件。凸模8固定在凸模固定板9上，凸模固定板9固定在上模座11上，压边圈兼起压料和卸料的作用。下模有下模座1、凹模3和定位板5等零件。定位板5固定在凹模3上，凹模3再固定在下模座1上。

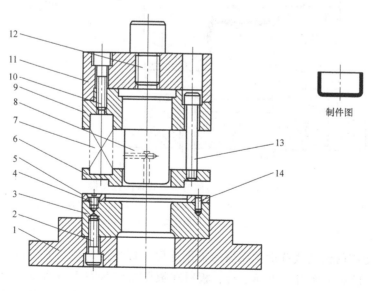

制件图

图3-52　有压边圈的正装式首次拉深模

1—下模座　2、4、10—螺钉　3—凹模　5—定位板　6—压边圈　7—弹簧
8—凸模　9—凸模固定板　11—上模座　12—模柄　13—卸料螺钉　14—销钉

（2）有压边圈的正装式首次拉深模的工作过程　拉深模工作时，定位板 5 先将板料定位，随后上模下行，压边圈 6 将板料压紧，防止拉深过程中板料凸缘起皱。凸模 8 将板料压入凹模 3 中，直至拉深成形。上模回程时，制件从凹模和下模座的孔中落下。如果制件被凸模带出凹模型孔，则由压边圈卸下。

该结构的拉深模适用于拉深深度不大的制件。

3. 有压边圈的倒装式首次拉深模

（1）有压边圈的倒装式首次拉深模的基本结构　图 3-53 所示为带压边圈的倒装式首次拉深模。该模具使用的是弹性压边装置。在单动压力机上使用的拉深模，如果有压料装置，常采用倒装式结构，以便于采用通用弹顶器，并缩短凸模长度。拉深模的上模有打杆 1、推件块 2、上模座 3 和凹模 4 等零件。凹模 4 直接固定在上模座 3 上。制件的推出装置有打杆 1 和推件块 2 等零件。下模有定位板 6、压边圈 7、凸模 5、凸模固定板 9、下模座 10 和顶杆 8 等零件。凸模 5 靠凸模固定板 9 固定，凸模固定板 9 靠下模座 10 固定，凸模的工作端开有排气孔，能将制件底部的气体排出凸模。定位板的内孔有较大的倒角，以便顺利地放置板料，直壁高度应小于板料厚度。把压边装置和凸模安装在下模，可以有效利用压力机工作台（中间有落料孔）下面的空间位置。

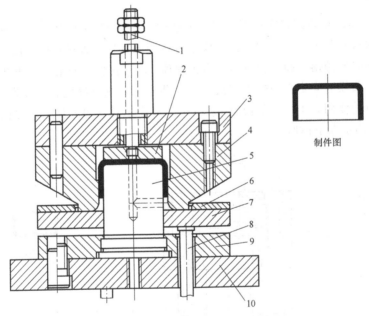

制件图

图 3-53　带压边圈的倒装式首次拉深模

1—打杆　2—推件块　3—上模座　4—凹模　5—凸模　6—定位板　7—压边圈
8—顶杆　9—凸模固定板　10—下模座

（2）有压边圈的倒装式首次拉深模的工作过程　板料由定位板 6 定位，在压边圈和凹模之间被压紧。模具工作时，上模下行，板料在被压紧的状态下由凸模和凹模配合拉深成形。上模回程时，顶杆 8 顶起压边圈 7，压边圈将紧箍在凸模 5 上的制件从凸模上顶出，接着，打杆 1 控制推件块 2 将制件从凹模 4 中推出。

该结构的拉深模的工作行程可以较大些，适用于拉深深度和厚度均较大的制件，应用广泛。

4. 有锥形压边圈的首次拉深模

（1）有锥形压边圈的首次拉深模的基本结构　图 3-54 所示为有锥形压边圈的倒装式首次拉深模。模具上模有上模座、模柄、打杆 4、推件块 3 和凹模 6 等零件，下模有凸模 5、凸模固定板 1、压边圈 2 和弹顶器 8 等零件。凹模 6 和压边圈 2 相配合的面为锥形表面，采用这种锥面结构可使板料变形区变形较小，起皱现象减少，制件的质量得以保证。故该模具适宜加工精度要求较高的制件，但凹模及压边圈上的锥面加工较困难。

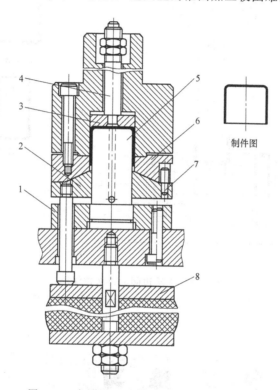

图 3-54　有锥形压边圈的倒装式首次拉深模
1—凸模固定板　2—压边圈　3—推件块　4—打杆　5—凸模　6—凹模　7—挡料销　8—弹顶器

（2）有锥形压边圈的首次拉深模的工作过程　板料由凹模 6 及压边圈 2 压紧。模具工作时，上模下行，板料在被压紧的状态下由凸模和凹模配合拉深成形。上模回程时，弹顶器 8 顶起压边圈 2，压边圈将紧箍在凸模 5 上的制件从凸模上顶出，随后，打杆 4 控制推件块 3 将制件从凹模 6 中推出。

5. 无压边圈的再次拉深模

再次拉深模属于后续各次拉深模中的一种，后续各次拉深模拉深用的板料是经过首次拉深模拉深的半成品制件，而不再是平板毛坯。有些后续各次拉深模的定位装置、压边装置与首次拉深模不同。

图 3-55 所示为无压边圈的简单再次拉深模。该模具结构很简单，无压边装置，无卸件装置，适用于拉深变形程度不大、厚度比直径尺寸大的制件，生产批量不大。模具工作时，制件（首次拉深后的半成品制件）由定位板 6 定位，因此定位板 6 较厚。凸模 5 和凹模 7 配

合将制件再次拉深成形后，上模回程，由于制件口部拉深后弹性恢复张开，被凹模下底面刮落而未随着凸模上行。

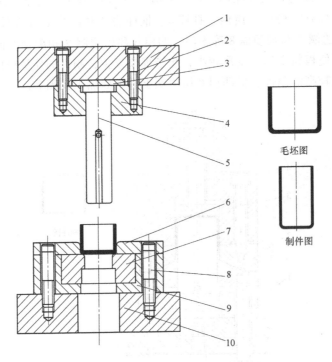

毛坯图

制件图

图 3-55　无压边圈的再次拉深模
1—上模座　2、8—螺钉　3—垫板　4—凸模固定板　5—凸模　6—定位板
7—凹模　9—凹模板　10—下模座

思 考 与 练 习

1. 试述冲压成形加工的特点。

2. 若按照材料的变形性质进行分类，冲压工序可以分为哪些工序？

3. 常用的分离工序有哪些？

4. 常用的成形工序有哪些？

5. 简述冲裁成形过程。冲裁件的质量指的是什么？

6. 何谓冲裁间隙？冲裁间隙与哪些因素有关？设计和制造新模具时，一般采用最大间隙值还是最小间隙值？

7. 何谓冲裁件的排样？合理排样的作用是什么？

8. 何谓冲裁件的搭边？合理搭边的作用是什么？

9. 何谓冲裁件的送进步距？

10. 上模、下模是指两个模具零件吗？请说明理由。

11. 根据图 3-3 说明带固定卸料装置的导柱式落料模的组成结构及相互位置关系。

12. 试比较单工序无导向落料模、单工序导板式落料模和单工序导柱式落料模各自结构的特点。

13. 试比较带弹簧式卸料装置和带橡胶式卸料装置的导柱式落料模的不同点及其各自的适用范围。

14. 何谓复合模？复合模的基本结构是什么？如何区分正装式复合模和倒装式复合模？

15. 简述正装式复合模和倒装式复合模各自的特点及其适用范围。

16. 何谓级进模？级进模和复合模成形制件时有何不同？

17. 试比较复合模和级进模各自的特点。可从凸模、凹模的结构、成形特点、定位装置、卸料装置、加工精度以及生产批量等方面加以论述。

18. 弯曲模可加工哪些零件？

19. 简述弯曲成形特点。

20. 影响弯曲件质量的因素有哪些？

21. 常用弯曲模有哪些？

22. 弯曲模上常见的结构有哪些？各自的作用是什么？

23. 拉深模可加工哪些零件？

24. 简述拉深成形的特点。

25. 常用的拉深模有哪些？

26. 拉深模上常见的结构有哪些？各自的作用是什么？

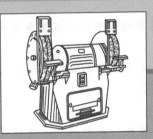

第4章
塑料成型技术

塑料具有密度小、质量轻、耐腐蚀、化学稳定性高、减摩耐磨性好、减振隔音性好、绝缘性好、加工成型方便以及材料成本低等特点，所以，在工业和生活中备受关注，并得到了广泛使用。随着我国经济的迅猛发展，新型塑料品种的不断开发和利用，"以塑代钢、以塑代木"等应用范围的逐渐扩大，塑料的应用领域越来越广，塑料模占模具总量的比例逐年提高，塑料模产业的发展前景非常好。

本章主要介绍塑料的分类，塑料的工艺性能，塑料模的组成，几种常见典型注射模、压缩模和压注模的结构及其工作过程等内容，并简单介绍挤出模、吹塑模、真空吸塑模、气体辅助注射模、反应注射模及其成型工艺。

4.1 塑料的组成及分类

4.1.1 塑料的概念及组成

1. 塑料的概念

塑料一般是以合成树脂为主要成分，加入一定量的添加剂制成的高分子材料。由于添加剂的种类、性能和添加量不同，塑料的品种和作用多种多样，可满足不同的生产和生活需要。塑料在一定的温度和压力下，可以用模具成型为具有一定形状和尺寸的塑料制件，并且在常温下能保持其结构、形状不变。

2. 添加剂

添加剂包括填充剂、增塑剂、润滑剂、稳定剂、固化剂和着色剂等。

（1）填充剂　填充剂又称填料，是塑料中重要的成分，但并不是所有的塑料中都含有该成分。填充剂与塑料中的其他成分物理混合，并与树脂胶粘在一起。

填充剂在塑料中的作用一是降低塑料成本，二是改善塑料的某些性能，扩大塑料的应用范围。如在聚乙烯、聚氯乙烯等塑料中加入钙质填料，便成为十分廉价又具有足够刚性和耐热性的钙塑料；若加入玻璃纤维填料，能提高塑料的力学性能；若加入石棉填料，能提高塑料的耐热性。有的填充剂还可以使塑料具有特殊性能，如导电性、导磁性、导热性等。常用的填充剂有木粉、纸浆、云母、石棉和玻璃纤维等。塑料中的填充剂含量一般为 20%~50%。

（2）增塑剂　增塑剂的作用是提高塑料的可塑性和柔韧性（如聚氯乙烯等的可塑性很小，柔韧性也很差），但增塑剂的加入会降低塑料的稳定性、介电性能和机械强度，因此塑料中增塑剂的含量不能太高。常用的增塑剂有邻苯二甲酸二丁酯、邻苯二甲酸二辛酯等。

（3）稳定剂　稳定剂的作用是抑制或防止塑料在储存、加工和使用过程中产生降解，使加工顺利并保证塑件具有一定的使用寿命。降解是指塑料在热、力、氧、水、光、射线等的作用下，大分子断链或分子结构发生有害变化。稳定剂可分为热稳定剂、光稳定剂、抗氧化剂等。常用的稳定剂有硬脂酸盐、铅的化合物、环氧化合物等。其加入量一般为塑料的 $0.3\% \sim 0.5\%$。

（4）润滑剂　润滑剂的作用是防止塑料在成型过程中发生粘模，同时还能改善塑料的流动性，便于成型，并提高塑件表面光泽度。常用的润滑剂有硬脂酸、石蜡和金属皂类等，其加入量一般小于1%。

（5）固化剂　固化剂又称交联剂、硬化剂，其作用是促使合成树脂进行交联反应，由线型结构转变为体型结构，或者加快交联反应速度。固化剂一般多用在热固性塑料中。常用的固化剂有氧化镁。

（6）着色剂　着色剂主要起美观装饰作用。着色剂品种很多，但大体分为有机颜料、无机颜料和染料三大类。要使塑料具有特殊的光学性能，可在塑料中加入珠光着色剂、磷光着色剂和荧光着色剂等。

塑料的添加剂还有防静电剂、阻燃剂、发泡剂、导电剂和导磁剂等。并不是每一种塑料都需要加入全部的添加剂，而是根据塑料品种和塑件的使用要求，有选择地加入某些添加剂。

4.1.2　塑料的分类

塑料的种类很多，通常可按照以下两种方法进行分类：

1. 按照塑料中合成树脂的分子结构及其特性分类

（1）热塑性塑料　热塑性塑料是指在一定的温度范围内，能反复加热软化乃至熔融流动，冷却后能硬化成一定形状的塑料。它在成型过程中只有物理变化而无化学变化，因而受热后可多次成型，废料可回收再利用。如聚乙烯（PE）、聚丙烯（PP）、聚氯乙烯（PVC）、聚苯乙烯（PS）、丙烯腈-丁二烯-苯乙烯共聚物（ABS）、聚酰胺（PA）、聚碳酸酯（PC）、聚砜（PSU）等。

（2）热固性塑料　热固性塑料是指加热温度达到一定程度后能成为不熔性物质，使形状固化下来不再改变的塑料。此时，塑料即使再加热到接近分解的温度也无法软化，而且也不会溶解在溶剂中，再次受热时不再具有可塑性，因此加工的余料和废品不能回收再利用，如酚醛树脂（PF）、环氧树脂（EP）、氨基树脂等。

2. 按塑料的性能和用途分类

（1）通用塑料　通用塑料一般是指只能作为非结构材料使用的一类塑料，它的产量大，用途广，价格低。通用塑料主要有聚乙烯、聚丙烯、聚氯乙烯、聚苯乙烯、酚醛树脂和氨基树脂六大品种。它们可作为日常生活用品、包装材料以及一般小型机械零件材料，占塑料总产量的75%以上。

（2）工程塑料　工程塑料是指可以作为工程结构材料使用的一类塑料。它的力学性能优良，能在较广温度范围内承受应力，在较为苛刻的化学及物理环境中应用。常见的工程塑料有聚甲醛、聚酰胺、聚碳酸酯、聚苯醚、ABS、聚砜、聚四氟乙烯等。这类材料在汽车、机械、化工等行业中用来制造机械零件和工程结构零部件。工程塑料与通用塑料相比，产量较小，价格较高，但具有优异的力学性能、电性能、化学性能、耐磨性、耐热性、耐蚀性、自润滑性以及尺寸稳定性。它们具有某些金属的性能，因而可代替一些金属材料用来制造结构零部件。

（3）增强塑料　增强塑料是指在塑料中加入玻璃纤维、布纤维等填充剂，制成一种新型的复合材料。这种新型的复合材料可进一步改善塑料的力学性能、比强度和比刚度，又分为热塑性增强塑料和热固性增强塑料（又称玻璃钢）。

（4）特殊塑料　特殊塑料是指具有某些特殊性能、有特殊用途的塑料。这类塑料有高的耐热性或高的电绝缘性及耐蚀性等，如医用塑料、光敏塑料、导磁塑料、导热塑料和耐辐射塑料等。这类塑料产量小，价格较贵，性能优异。

4.2　塑料的工艺性能

塑料的工艺性能是塑料在成型过程中表现出来的特有性能，有些性能直接影响到成型方法和塑件质量。

4.2.1　热塑性塑料的工艺性能

1. 收缩性

收缩性是指塑件从温度较高的模具中取出冷却到室温后，其尺寸或体积发生缩小的现象。它可用相对收缩量的百分率表示，即收缩率。成型后塑件的收缩，称为成型收缩。影响塑件成型收缩的因素很多，主要有塑件的品种、塑件的形状和结构、模具的结构、成型工艺等。因此，模具设计时必须综合考虑各个因素，合理选择塑件的收缩率。

2. 流动性和黏度

流动性是指塑料在一定的温度及压力作用下，充满模具型腔的能力。热塑性塑料通常采用熔融指数和螺旋线长度来表示其流动性，熔融指数大，则塑料的流动性好，成型时可以在较小的压力下充满模具型腔；熔融指数小，则流动性差。

黏度是指塑料熔体内部抵抗流动的阻力。塑料黏度大，则流动性差；反之，则流动性好。

3. 塑料的相容性

塑料的相容性是指两种或两种以上不同品种的塑料，在熔融状态下不产生分离，相容、共混的能力，又称为塑料的共混性。这种塑料的共混材料通常称为塑料合金，可得到共聚物的综合性能。如聚碳酸酯和 ABS 相容，可改善聚碳酸酯的工艺性。若塑料不相容，则混熔时会出现分层、脱皮等表面缺陷。

4. 结晶性

结晶性是指塑料在冷凝时是否具有结晶的特性。热塑性塑料按其冷凝时有无结晶现象，可分为结晶型塑料和非结晶型（又称无定型）塑料两大类。结晶型塑料有聚乙烯、聚丙烯、聚甲醛、聚酰胺（尼龙）、聚氯化醚、氟塑料等，非结晶型塑料有聚苯乙烯、聚碳酸酯、聚砜、有机玻璃、ABS、聚氯乙烯、聚苯醚等。

5. 热敏性和水敏性

热敏性是指某些热稳定性差的塑料成型过程中，在料温高和受热时间长的情况下产生分解、降解或变色的特性。这种特性会影响塑件的性能和表面质量等。

水敏性是指塑料熔融体在高温下对水降解的敏感性。水敏性塑料在成型过程中，即使只含有少量水分，也会在高温及高压下发生水解，因此，这类塑料在成型前必须进行干燥处理。

6. 吸湿性

吸湿性是指塑料对水分子的亲疏程度。根据这种亲疏程度，塑料可分为两种类型，一种是具有吸湿或黏附水分特性的塑料，如聚碳酸酯、聚酰胺、有机玻璃、ABS、聚砜等；一种是不吸湿也不黏附水分的塑料，如聚乙烯、聚丙烯、聚苯乙烯、聚甲醛、氟塑料等。

7. 应力开裂

某些塑料在成型时易产生内应力，使塑件质脆易裂。塑件在不大的外力或溶剂作用下即发生开裂，这种现象称为应力开裂。

8. 熔体破裂

熔体破裂是指塑料在恒温下通过喷嘴孔或窄小部位时，流速超过一定值后，熔体表面出现明显的凹凸不平或外形畸变导致其支离或断裂的现象。

4.2.2 热固性塑料的工艺性能

1. 收缩性

热固性塑料成型收缩的形式及其影响因素与热塑性塑料类似。

2. 流动性

流动性的含义及其影响因素与热塑性塑料类似。热固性塑料通常以拉西格流动值来表示其流动性。选用塑料的流动性应与塑件的结构和要求、成型工艺及成型条件相适应，对面积大、嵌件多及薄壁的复杂塑件，应选流动性好的塑料。

3. 水分和挥发物含量

塑料中的水分和挥发物一方面来源于塑料原材料生产过程中未除净的水分及运输、储存中吸收空气中的水分，另一方面来自成型过程中塑料发生化学反应产生的副产物。塑料中适量的水分及挥发物含量，在塑料成型中可起增塑作用，有利于提高充模流动性，有利于成型。塑料中水分和挥发物的含量过多或过少都会产生缺陷，降低塑件性能。

4. 比体积和压缩率

比体积是指单位质量塑料所占的体积，是粉料堆积密度的倒数，单位为 cm^3/g。

压缩率是指成型前塑件所用材料的体积与成型后塑件的体积之比，其值恒大于 1。

5. 固化速度

固化速度是指热固性塑料在固化过程中单位时间硬化的厚度。固化速度与塑料品种、塑件壁厚、结构形状、成型温度、预热及预压等因素有关，还与成型工艺方法有关。

4.3 塑料模的组成及其作用

无论哪一种类型的注射模都包含定模和动模两个部分。定模安装在注射机的固定模板上,在整个注射过程和推件过程中是不能移动的;而动模安装在注射机的移动模板上,可随移动模板的移动实现模具的开合。模具闭合后,注射机便向模具中注射熔融塑料,待塑件冷却定型后,动模与定模分离,由推出机构将塑件推出,即完成一个塑件的成型过程。如图 4-1 所示, A—A 面左侧为动模, A—A 面右侧为定模。

以下主要讨论塑料模中使用最多的注射模。若按照注射模中各个零部件所起的作用分析,注射模主要由成型零部件、浇注系统、合模导向机构、推出机构、侧向分型与抽芯机构、调温系统、支承和定位零件及排气系统八大部分组成。

1. 成型零部件

成型零部件是指直接与塑料接触或部分接触,并决定塑件形状、尺寸和表面质量的零部件,是塑料模的核心部分,如型芯(凸模)、型腔板(凹模)、型腔镶件、螺纹型芯、螺纹型环等,合模后,这些零件构成模具的型腔,如图 4-1 所示。

2. 浇注系统

浇注系统又称流道系统,它是熔融塑料从注射机喷嘴进入模具型腔所流经的通道,通常由主流道、分流道、浇口和冷料穴组成。它直接关系到塑件的成型质量和生产效率。图 4-2

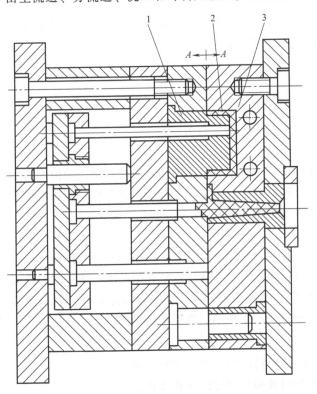

图 4-1　模具的成型零部件
1—型芯(凸模)　2—塑件　3—型腔板(凹模)

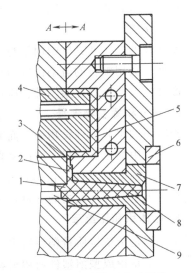

图 4-2　主流道垂直于模具
分型面的浇注系统
1—冷料穴　2—分流道　3—浇口　4—型芯
5—塑件　6—定位圈　7—主流道衬套
8—主流道　9—拉料杆

所示为主流道垂直于模具分型面的浇注系统，分型面为 $A—A$。图 4-3 所示为主流道平行于模具分型面的浇注系统，分型面为 $B—B$。

3. 推出机构

推出机构是指在开模过程中将塑件及浇注系统推出或顶出的装置，又称顶出机构。如推杆、推杆固定板、推板、拉料杆、复位杆等，有些推出机构中还增加了推件板，有些推出机构使用推管代替推杆等，如图 4-4 所示。

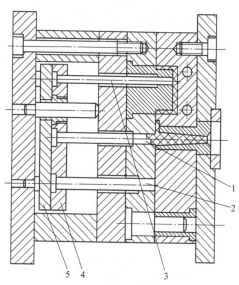

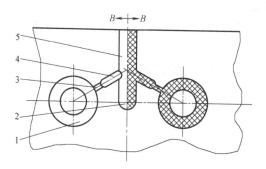

图 4-3 主流道平行于模具分型面的浇注系统
1—型腔 2—冷料穴 3—浇口
4—分流道 5—主流道

图 4-4 常用推出机构
1—拉料杆 2—复位杆 3—推杆
4—推杆固定板 5—推板

4. 合模导向机构

为了确保动模和定模在合模时能正确对中，在模具中必须设置导向机构。导向机构分为动模与定模之间的导向机构和塑件推出机构的导向机构。前者是保证动模与定模合模时的准确对合，以保证塑件形状和尺寸的准确度，如导柱和导套，如图 4-5 所示；后者是避免塑件被推出过程中推板歪斜而设置的，如推板导柱和推板导套，如图 4-6 所示。

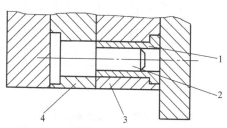

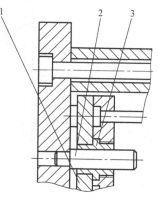

图 4-5 动模与定模之间的导向机构
1—导套 2—导柱 3—定模 4—动模

图 4-6 推出机构的导向机构
1—推板 2—推板导柱 3—推板导套

5. 侧向分型与抽芯机构

当塑件侧面上有孔或者凸台时，就需要有侧向的型芯来成型（如图4-7中的侧型芯滑块2），而且开模推出塑件以前，必须先进行侧向分型，即将侧型芯从塑件上抽出，以便塑件顺利脱模。使侧型芯移动的机构称为侧向分型与抽芯机构。图4-7中的侧型芯滑块2、斜导柱3和楔紧块4等共同组成模具的侧向分型与抽芯机构。模具合模时，侧型芯滑块2、型芯1及型腔板6共同构成模具的型腔，斜导柱3与侧型芯滑块上的孔配合，楔紧块4等零件将侧型芯滑块锁紧，如图4-7a所示。模具开模时，模具的动模和侧型芯滑块2开始移动，逐渐远离定模。开模力通过斜导柱3作用于侧型芯滑块2上，迫使侧型芯滑块2在型芯固定板的导滑槽内做侧向移动（v_1），实现侧向分型抽芯运动，所以侧型芯滑块随着动模向下移动（v_2）的同时，还向左移动（v_1），也就是沿着斜导柱移动（$v_侧$）。图4-7b所示为模具的开模状态。

6. 调温系统

调温系统包括冷却装置和加热装置。为了对模具的温度进行控制，模具需要加热时，在模具内部或周围需要安装加热元件，热流道注射模冷却时，在模具内部需要开设冷却通道。

7. 定位零件和支承零件

用来安装、定位、连接和支承成型零部件及上述各部分机构的零件称为定位零件和支承零件，如定位圈、销钉、螺钉、定模座板、定模板、动模板、动模座板、型芯固定板、支架（垫块）、支承板等，如图4-8所示。

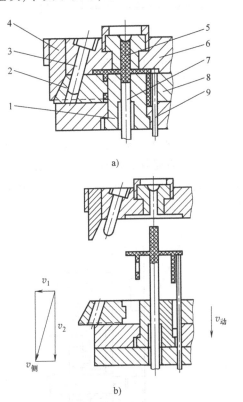

图4-7 常用斜导柱侧向分型与抽芯机构
1—型芯（凸模） 2—侧型芯滑块
3—斜导柱 4—楔紧块 5—塑件
6—型腔板 7—拉料杆 8—动模板 9—推杆

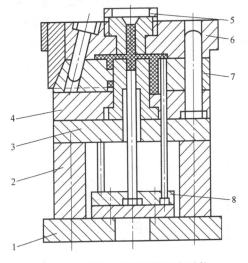

图4-8 常用支承零件和定位零件
1—定模座板 2—支架（垫块） 3—支承板
4—凸模固定板 5—定位圈
6—定模板 7—动模板 8—推杆固定板

8. 排气系统

在注射成型过程中，将型腔内的空气及塑件在受热和冷凝过程中产生的气体排出，需要开设排气系统。通常是在分型面上开设若干条排气槽，或者利用模具的推杆或者型芯与模板之间的配合间隙进行排气。小型塑件的排气量不大，因此可直接利用分型面排气，而不必另设排气槽。

4.4 典型塑料模的基本结构及其工作过程

塑料模种类繁多，其中应用最广泛的是注射模，占塑料模总数的半数以上。

这里主要介绍注射模、压缩模、压注模、挤出模、吹塑模、真空成型模、气体辅助注射模和反应注射模。

4.4.1 注射模的工作原理

制件的注射成型是一个复杂的过程，必须通过塑料注射机和注射模共同来完成。注射成型是一个循环的工作过程，每一个工作循环称为一个周期。一个周期主要包括：定量加料→熔融塑化→喷嘴前进→施压注射→保压补缩→预塑→喷嘴后退→冷却→开模→顶出塑件→闭模。一个周期结束再进行下一个工作循环。

以通用卧式螺杆式注射机为例，如图4-9所示。注射机的工作原理与医院打针用的注射器相似。将物料（塑料固体颗粒或塑料粉）放入料斗中，物料在料筒中被加热并同时受到螺杆剪切的作用下变成熔融塑化状态。借助注射机螺杆（螺杆式注射机）或注射机活塞（柱塞式注射机）的推力，将已塑化好的熔融状态（即粘流态）的塑料注入闭合好的模具型腔内。型腔中的熔料经过保压、补缩、预塑、冷却、固化定型后，在合模机构的作用下开模，并通过推出机构（又称顶出装置）把已定型的塑件从模具中顶出、落下，然后再合模，并由注射机合模系统提供的锁模力锁紧，至此完成一次工作循环。图4-10所示为注射成型的工作循环。

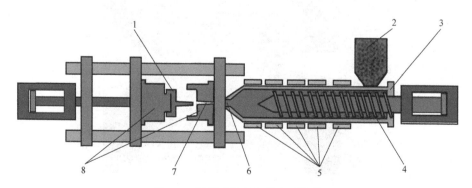

图4-9 螺杆式注射机的主要结构

1—塑件 2—料斗 3—料筒 4—螺杆 5—加热器 6—喷嘴 7—浇注系统 8—注射模

注射模主要用于热塑性塑件的成型，但随着注射成型工艺和材料成分的改进，越来越多的热固性塑料也使用注射模来成型。

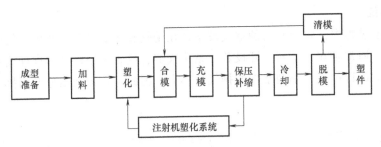

图 4-10　注射成型的工作循环

4.4.2　典型注射模的基本结构

注射模是指在注射机上采用注射工艺成型方法获得塑件的塑料模。

图 4-11 所示为注射模的基本结构。若将模具分为定模和动模两大部分，则定模部分有型腔板 21（这里也是定模板）、定位圈 20、主流道衬套 19、导套 23、定模座板 15 等零件，动模部分有型芯（凸模）16、动模板 24、推杆 17、拉料杆 5、复位杆 3、导柱 22、推杆导柱 7、推杆导套 8、支承板 1、垫块（支架）2、推杆固定板 9、推板 10、限位钉 4、动模座板 11 等零件。动模部分与定模部分闭合共同构成浇注系统和型腔。型腔由型腔板和型芯构成。

定模固定板 13（固定模板）、动模固定板 12（移动模板）、顶出杆 6、喷嘴 18 和拉杆 14 均是注射机上的零件，不属于模具零件。有的注射模中既有型腔板也有定模板，定模板用来固定型腔板。

该模具的浇注系统零件包括主流道衬套 19、喷嘴 18 和拉料杆 5 等零件；成型零件包括型芯 16 和型腔板 21；脱模系统零件包括压力机顶出杆 6、推杆 17、推杆固定板 9、推板 10

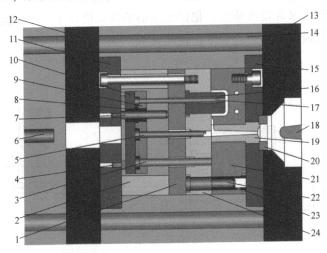

图 4-11　典型注射模的基本结构

1—支承板　2—垫块（支架）　3—复位杆　4—限位钉　5—拉料杆　6—顶出杆　7—推杆导柱
8—推杆导套　9—推杆固定板　10—推板　11—动模座板　12—动模固定板　13—定模固定板
14—拉杆　15—定模座板　16—型芯（凸模）　17—推杆　18—喷嘴　19—主流道衬套
20—定位圈　21—型腔板　22—导柱　23—导套　24—动模板

和拉料杆 5 等零件；导向系统零件包括导柱 22、导套 23、推杆导柱 7、推杆导套 8 等零件；支承零件包括定模座板 15、动模座板 11、型腔板 21、动模板 24、支承板 1、垫块 2、推杆固定板 9、推板 10 等零件。

4.4.3 典型注射模的工作过程

开始注射成型前，定模部分和动模部分经导柱导向而对合，其对合的精确度由导柱和导套共同来保证。动模和定模对合之后，型腔板上的凹模和动模板上的型芯构成与塑件形状和尺寸一致的闭合型腔。塑料熔体从注射机喷嘴经模具浇注系统进入型腔。经补缩、保压、冷却后，塑件在型腔中注射成型。之后，动模部分和定模部分分离（模具开模），以便取出塑件。开模时，一般情况下，设计成塑件及浇注系统凝料留在动模，以便于塑件脱模。模具脱模机构将塑件推出型芯，塑件靠重力落下。

根据模具的结构特征不同，以下依次介绍单分型面注射模、双分型面注射模、带侧向分型抽芯机构的注射模、带活动镶块的注射模、自动卸螺纹注射模、热流道注射模的结构及其工作过程。

4.5 常用典型注射模

4.5.1 单分型面注射模

一般来说，单分型面注射模是一种结构最简单、应用最广泛的注射模。

单分型面注射模又称为两板式注射模，即模具上仅有一个分型面，开模后，塑件从动模和定模之间的间隙被推出、取出，如图 4-12 所示。

1. 单分型面注射模的基本结构

图 4-13 所示为一个典型的单分型面注射模。按照模具工作时的运动状态，模具分定模和动模两大部分。模具开模或合模时，定模不动，动模沿着分型面远离或靠近定模。模具定模有型腔板 5、定模座板 6、定位圈 8、主流道衬套 9 和导套 13 等零件，动模有推板导柱 1、推板导套 2、推杆 3、型芯（凸模）4、拉料杆 11、复位杆 12、导柱 14、动模板（型芯固定板）15、支承板 16、垫

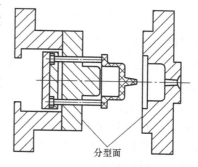

图 4-12 单分型面注射模
的开模示意图

块 17、推杆固定板 18、推板 19 和动模座板 20 等零件。模具的型腔由型腔板 5 与型芯（凸模）4 组成，并由注射机合模系统提供的锁紧力锁紧。型芯 4 固定在动模板 15 上（由螺钉紧固），型腔板 5 固定在定模座板 6 上（由螺钉紧固）。主流道设在定模一侧。推出机构（又称脱模机构、顶出机构）由推杆 3、推杆固定板 18、推板 19、推板导柱 1、推板导套 2 组成，用以推出塑件和流道内的凝料。推杆固定板和推板用以夹持推杆。在推出机构中一般还安装有复位杆 12，其作用是在动模和定模合模时，使推板 19 复位。

2. 单分型面注射模的工作过程

模具合模时，在导柱 14 和导套 13 的导向定位下，动模和定模闭合，并由注射机合模系

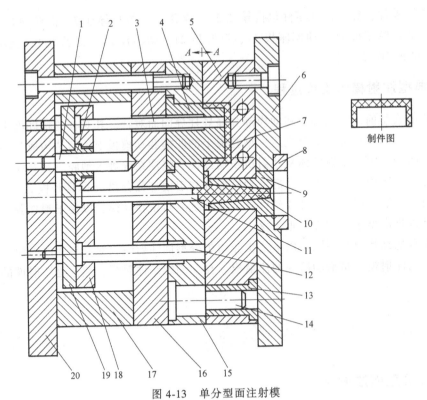

图 4-13 单分型面注射模

1—推板导柱　2—推板导套　3—推杆　4—型芯（凸模）5—型腔板　6—定模座板　7—塑件
8—定位圈　9—主流道衬套　10—浇注系统凝料　11—拉料杆　12—复位杆　13—导套　14—导柱
15—动模板（型芯固定板）　16—支承板　17—垫块　18—推杆固定板　19—推板　20—动模座板

统提供的锁模力锁紧。随后注射机的喷嘴贴紧主流道衬套后开始注射，塑料熔体经定模上的浇注系统进入型腔。待熔体充满型腔后，经过保压、补缩和冷却定型后开模，此时注射机内同时进行预塑，为下一个工作循环做准备。开模时，动模后退，注射机的开、合模机构使模具沿动模和定模的分型面分开（分型面分型），塑料制件 7 包在型芯 4 上随动模一起后退，同时，拉料杆 11 将浇注系统凝料 10 从主流道衬套 9 中拉出。当动模移动一定距离后，注射机的顶杆与模具的推板 19 接触，推出机构开始工作，使推杆 3 和拉料杆 11 分别将塑件和浇注系统凝料从型芯 4 和冷料穴中推出，塑件 7 与浇注系统凝料 10 一起从模具中脱落。单分型面注射模的一次注射过程到此结束。合模时，推出机构靠复位杆 12 复位。

图 4-14 所示为发梳注射模，也是单分型面注射模，一腔两模，塑件为发梳。

4.5.2　双分型面注射模

双分型面注射模又称为三板式注射模。如图 4-15 所示，与单分型面注射模相比，双分型面注射模在动模与定模之间增加了一块可以局部移动的中间板 2 （又称流道板、浇口板，其上设有浇口、流道及定模所需的其他零部件）。开模时，中间板 2 先与定模板 3 做定距分离，以便取出浇注系统凝料。第一分型面分型结束后，中间板 2 再与动模板 1 再做定距分离，以便取出塑件。图 4-15 所示为双分型面注射模的开模示意图，图 4-16 所示为双分型面注射模的工作过程。

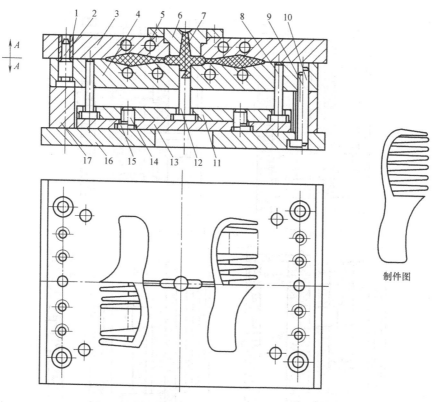

图 4-14 发梳注射模

1—导套 2—导柱 3—定模型腔板 4—动模型腔板 5—定位圈 6—浇口套
7—塑件 8—反推杆 9、15—螺钉 10、14—销钉 11—反推杆固定板
12—拉料杆 13—推板 16—动模座板 17—垫块

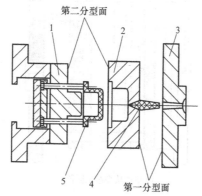

图 4-15 双分型面注射模的开模示意图

1—动模板 2—中间板 3—定模板 4—浇注系统凝料 5—塑件

1. 双分型面注射模的基本结构

图 4-17 所示为双分型面注射模的基本结构。图 4-18 所示为双分型面注射模的开模状态图。A—A 为第一分型面,分型后浇注系统凝料由此脱落。B—B 为第二分型面,分型后塑件由此脱落。与单分型面注射模相比,双分型面注射模在动模和定模之间加了一个中间板(流道板)13、弹簧 7、限位销 6 和定距拉板 8。定距分型机构由弹簧 7、限位销 6 和定距拉

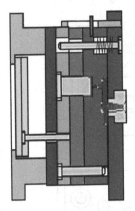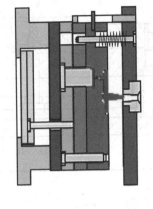

a) 浇注系统将熔融塑料注入模具型腔　　b) 流道板及动模移动，与定模分离

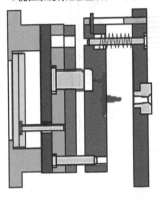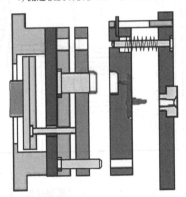

c) 塑件随动模移动，与流道板分离　　d) 模具推出机构将塑件推出型芯

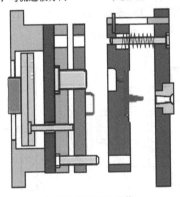

e) 塑件从型芯上脱落

图 4-16　双分型面注射模的工作过程

板 8 等零件组成，定距分型机构控制 A—A 分型面的开模距离。限位销 6 固定在中间板（流道板）13 上，而定距拉板 8 固定在定模座板 12 上。分型面 A—A 分型时，限位销 6 随着中间板（流道板）13 一起向左移动，定距拉板 8 的内孔可限制限位销 6 的移动距离，即中间板 13 的移动距离，从而限制 A—A 分型面的开模距离。推出机构由注射机的顶出装置（图中未画）、模具的推板 18、推杆固定板 17、推杆 16、推件板 4 等零件组成。推件板的端面与塑件接触，可推动塑件脱模。

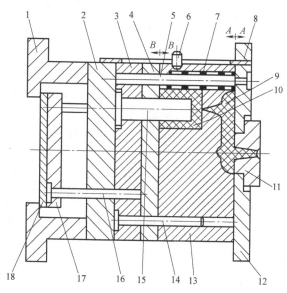

图 4-17 双分型面注射模的基本结构

1—支架　2—支承板　3—型芯固定板　4—推件板　5、14—导柱　6—限位销　7—弹簧　8—定距拉板
9—浇注系统凝料　10—塑件　11—浇口套　12—定模座板　13—中间板（流道板）
15—型芯　16—推杆　17—推杆固定板　18—推板

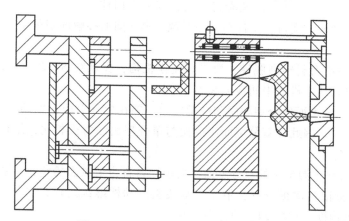

图 4-18 双分型面注射模的开模状态图

2. 双分型面注射模的工作过程

开模时，注射机开、合模机构带动动模向左移动，在弹簧 7 的弹力作用下，中间板 13 和限位钉 6 随着动模一起远离定模，故 A—A 分型面进行定距分型，其分型距离由定距拉板 8 控制。由于塑件成型后紧包在型芯 15 上而使塑件留在动模一侧，浇注系统凝料随之被拉出。继续开模，中间板 13 继续移动，限位销 6 随着中间板 13 一起在定距拉板 8 的孔中向左移动（而定距拉板 8 和定模始终不动），直至限位销 6 靠紧定距拉板 8 内孔的左侧面再不能移动为止，A—A 分型面开模结束。动模继续后移，在开模力的作用下，模具又沿着 B—B 分型面分型，直至达到开模距离，开、合模机构停止工作。浇注系统凝料在浇口处被拉断，与塑件自行分离，从 A—A 分型面之间自行脱落或人工取出。当注射机的顶杆接触推板 18 时，推出机构开始工作，通过推杆固定板 17、推杆 16 推动推件板 4，将塑件从型芯上推出，

从 *B—B* 分型面自行脱落。模具闭合时，注射机的合模机构工作，由两个导柱 5 和 14 进行导向，*A—A* 和 *B—B* 分型面先后闭合，推出机构复位，定距分型机构复位。双分型面注射模的一次工作过程结束，再进行下一个工作过程。

另一种常用的定距分型机构是定距拉杆机构。定距拉杆机构中有定距拉杆和弹簧，没有限位销。定距拉杆机构靠定距拉杆端部的螺母与中间板（流道板）的端面接触来限制定距拉杆的移动距离，从而限制中间板的移动距离，即第一分型面的分型距离。如图 4-19 所示，定距拉杆固定在定模座板上。

开、合模机构使动模后移，在弹簧 6 的弹力作用下，中间板（流道板）5 随着动模一起远离定模，*A—A* 分型面进行定距分型。动模和中间板继续后移，当固定在定距拉杆 3 端部的螺母与中间板（流道板）5 的端面接触时中间板停止移动，*A—A* 分型面分型结束。

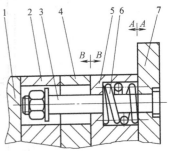

图 4-19　定距拉杆机构

1—支承板　2—型芯固定板
3—定距拉杆　4—推件板
5—中间板（流道板）　6—弹簧
7—定模座板

3. 双分型面注射模的特点

与单分型面注射模相比，双分型面注射模有如下特点：

1）通常双分型面注射模成型的塑件比单分型面注射模成型的塑件表面质量高。在塑件的脱模过程中，为便于 *B—B* 分型面分型时塑件与浇注系统凝料分离，双分型面注射模的浇口通常设计成点浇口，塑件与浇注系统凝料之间的接触面积很小，塑件表面的浇口痕迹小，易清除。

2）为使浇注系统凝料顺利脱模，要设计脱模机构，保证在 *B—B* 分型面分型时，将点浇口拉断，并使凝料从定模或中间板上脱离。

3）为保证两个分型面的分型顺序和分型距离，要在模具上增设辅助装置，即顺序分型装置和定距分型装置。因此，双分型面注射模与单分型面注射模相比，结构复杂，成本高，制造周期较长。

图 4-20 所示为制作淘米箩的双分型面注射模，材料为聚氯乙烯塑料。从模具结构来看，定模板 1 按 *A—A* 标记与动模分开，取出浇口废料。动模继续运动，又从 *B—B* 标记分开，然后注射机顶出机构推动推杆 24，塑件便可脱落。

双分型面注射模结构复杂，重量较重，制造成本较高，零部件加工困难，较少用于大型塑件或流动性差的塑料成型，主要用于点浇口进料的单型腔或多型腔的注射模。

4.5.3　带侧向分型抽芯机构的注射模

当塑件带有侧孔或侧凸起时，需要在注射模内设置由斜导柱或斜滑块等组成的侧向分型抽芯机构，以便塑件能顺利脱模。在塑件脱模之前，侧向分型抽芯机构中的侧型芯先从塑件中抽出（沿着与塑件脱模方向垂直的方向移动），然后模具分型，塑件脱模。以下介绍两种典型的带侧向分型抽芯机构的注射模：带斜导柱侧向分型抽芯机构的注射模和带斜滑块侧向分型抽芯机构的注射模。

1. 带斜导柱侧向分型抽芯机构的注射模

（1）带斜导柱侧向分型抽芯机构注射模的基本结构　图 4-21 所示为带斜导柱侧向分型

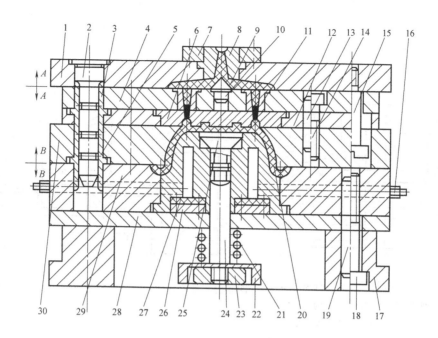

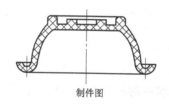

制件图

图 4-20   淘米筐注射模

1—定模板 2—导柱 3、5—双联导套 4—活动镶块 6—镶件 7—定位圈 8—浇口套 9—浇口凝料
10—分流锥 11—分浇口套 12—镶件固定板 13、19、25—销钉 14、18—螺钉 15—拉板螺钉
16—水嘴 17—垫块 20—塑料制件 21—弹簧 22—托簧板 23—螺母 24—推杆 25—推板
26—压板 27—橡皮密封圈 28—动模垫板 29—型芯固定板 30—大型腔

抽芯机构注射模的结构，图 4-22 所示为带斜导柱侧向分型抽芯机构注射模的开模状态图。由于所成型的塑件有侧孔，模具中设置了侧向分型抽芯机构。侧向分型抽芯机构由斜导柱 7、侧型芯滑块 6、楔紧块 8 等零件组成。侧向分型抽芯机构的作用是导向、定位、锁紧。侧型芯滑块 6 可分别沿着斜导柱和型芯固定板 4 上的滑槽移动，使侧型芯滑块 6 保持抽芯后的最终位置，以确保再次合模时，斜导柱 7 能顺利地插入侧向抽芯滑块 6 的斜孔中，使侧型芯滑块 6 回到成型时的位置，并由楔紧块 8 将侧型芯滑块 6 压紧、锁紧。推出机构由注射机顶杆（图中未画）、推板 17、推杆 15 和推杆固定板 16 等零件组成。

（2）带斜导柱侧向抽芯机构注射模的工作过程   开模时，在定模和动模沿分型面分型（开模）的同时，开模力通过斜导柱 7 作用于侧型芯滑块 6 上，迫使侧型芯滑块 6 在型芯固定板的导滑槽内做侧向（图 4-21 中左上方）移动。此时，侧型芯滑块 6 与斜导柱 7 做相对运动，直至侧型芯滑块全部脱离斜导柱为止，侧抽芯动作完成。制件紧包在型芯 5 上随动模移动，直到注射机顶杆与模具推板 17 接触，推杆 15 将塑件从型芯 5 上推出。闭模时，斜导柱 7 插入侧型芯滑块 6 中，使侧型芯滑块复位。

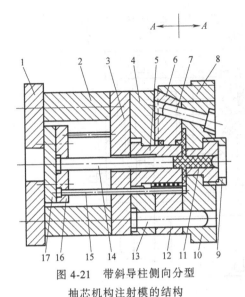
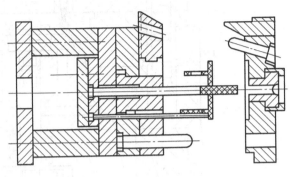

图 4-21 带斜导柱侧向分型
抽芯机构注射模的结构

图 4-22 带斜导柱侧向分型抽芯机构注射模的开模状态图

1—动模座板 2—支架 3 支承板（垫块）

4—型芯固定板 5—型芯（凸模） 6—侧型芯滑块

7—斜导柱 8—楔紧块 9—定位圈 10—定模板

11—主浇道衬套 12—动模板 13—导柱 14—拉料杆

15—推杆 16—推杆固定板 17—推板

2. 斜滑块侧向分型抽芯机构

通常斜滑块侧向分型抽芯机构中的斜滑块由锥形模套锁紧，能承受较大侧向力，但抽拔距离不大，塑件脱出后不容易自动脱落，需人工取出。斜滑块侧向分型机构按照导滑的结构不同可分为两种类型：滑块导滑和斜推杆导滑。滑块导滑又分为外侧导滑和内侧导滑两种，即斜滑块外侧分型抽芯机构和斜滑块内侧分型抽芯机构。

（1）斜滑块外侧分型抽芯机构 如图 4-23 所示，斜滑块外侧分型抽芯机构是利用斜滑块 6 外侧的凸耳与锥形模套 7 的内壁对应的斜向导槽的滑动配合，达到斜滑块 6 侧向分型与复位的目的。模套 7 内开有 T 形槽，斜滑块 6 可在其中滑动。推出时，推杆 5 推动斜滑块沿导槽移动，同时完成侧抽芯和推出制件的动作。限位钉 2 的作用是对斜滑块限位，以防止斜

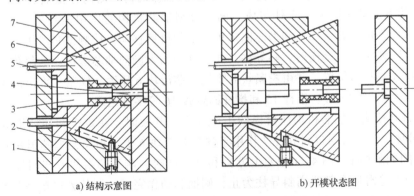

a) 结构示意图　　　　b) 开模状态图

图 4-23 斜滑块外侧分型抽芯机构

1—动模型芯固定板 2—限位钉 3—动模型芯 4—定模型芯 5—推杆 6—斜滑块 7—模套

滑块推出模套。

图 4-23 中的塑件为线圈骨架，外侧有深度浅但面积大的侧凹，斜滑块设计成对开式的型腔镶块，即型腔由两个斜滑块组成。开模后，塑件包在动模型芯 3 上，和斜滑块一起随动模部分向左移动。在推杆 5 的作用下，斜滑块 6 相对向右运动的同时向两侧分型，分型的动作靠斜滑块在模套 7 的导滑槽内进行斜向运动来实现。导滑槽的方向与斜滑块的斜面平行。斜滑块侧向分型的同时，塑件从动模型芯 3 上脱出。限位钉 2 是为防止斜滑块从模套中脱出而设置的。

（2）斜滑块内侧分型抽芯机构 图 4-24 所示为斜滑块内侧分型抽芯机构，其工作原理与斜滑块外侧分型抽芯机构类似。型芯滑块 3 的上端是侧型芯，安装在型芯固定板 2 的内孔中。开模后，推杆 1 推动型芯滑块 3 向上移动，由于型芯滑块 3 与型芯固定板 2 的配合是斜孔配合，因此两个型芯滑块 3 在向上移动的同时，还向内侧移动。型芯滑块 3 向上移动是为了把塑件推出模具外，而型芯滑块 3 向内侧移动是为了完成内侧抽芯。这样，通过斜型芯滑块 3 的斜向运动，完成斜滑块型芯的分型抽芯动作，从而使塑件脱模。

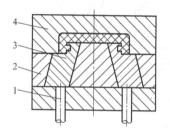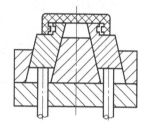

图 4-24 斜滑块内侧分型抽芯机构
1—推杆 2—型芯固定板 3—型芯滑块 4—型腔

4.5.4 带活动镶块的注射模

与带侧向分型抽芯机构注射模的设计思想相类似，当某些塑件具有某些特殊结构，如带有凸台、孔或螺纹等，就需要在模具上设置活动镶块（如活动凸模、活动凹模、活动型芯、活动螺纹型芯、活动型环等）。开模时，活动镶块、塑件和浇注系统凝料随动模一起运动，开模后，再通过手工或其他装置将活动镶块和浇注系统凝料从塑件上分离出来。

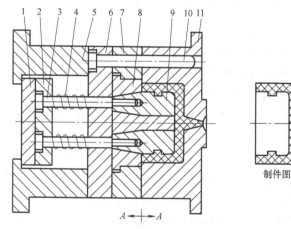

图 4-25 带有活动镶块的注射模
1—推板 2—推杆固定板 3—推杆 4—弹簧
5—支架 6—支承板 7—动模板 8—型芯座
9—活动镶块 10—导柱 11—定模板

1. 带活动镶块的注射模

图 4-25 所示为带活动镶块的注射模。塑件内有凸台，采用活动镶块 9 成型。开模时，塑料制件、流道凝料、活动镶块随同动模一起移动，当动模板 7 与定模板 11 分离一定距离后，注

131

射机顶出机构推动推板 1，从而推动推杆 3，使活动镶块 9 随同塑件和流道凝料一同推出模外，然后通过手工或其他装置使塑件和流道凝料与活动镶块 9 分离，塑件再与流道凝料分离。此时再将活动镶块 9 重新装入动模。在活动镶块 9 装入动模之前推杆 3 由于弹簧 4 的作用已经复位。将型芯座 8 内孔加工成锥面是为了保证镶块定位更准确可靠。

2. 靠定模上斜销控制的带活动镶块注射模

图 4-26 所示为靠定模上斜销控制的带活动镶块注射模。当注射成型后，动模沿分型面 A—A 向下移动，固定在定模板 2 上的斜销 3 迫使活动镶块 4 向外移动。与此同时压力机顶杆（图中未画）推动推板 12，推板 12 又推动推杆 15，将型腔镶件固定板 10 顶起，型腔镶件固定板 10 将力传给型腔镶件 9，推动塑件 5 向上运动，塑件 5 便从型芯 8 上脱开，完成脱模动作。

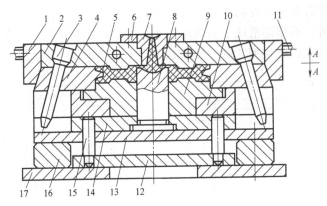

图 4-26　靠定模上斜销控制的带活动镶块注射模

1—锁紧块　2—定模板　3—斜销　4—活动镶块　5—塑件　6—定位圈　7—浇口套
8—型芯　9—型腔镶件　10—型腔镶件固定板　11—水嘴　12—推板　13—动模垫板
14—型芯固定板　15—推杆　16—垫块　17—动模固定板

4.5.5　自动卸螺纹注射模

对于带有内螺纹或外螺纹的塑件，当螺纹精度要求较高而不能进行强制脱模时，需要在模具结构设计中设置能够转动的螺纹型芯或螺纹型环。螺纹型芯用于成型内螺纹塑件，螺纹型环用于成型外螺纹塑件。

图 4-27 所示为自动卸螺纹注射模。螺纹型芯 1 的旋转由注射机开合螺母的丝杠带动，使螺纹型芯 1 与塑件分离。开模时，在 A—A 分型面处先分开的同时，螺纹型芯 1 由注射机的开合螺母带动而旋转，从而开始拧出塑件，此时 B—B 分型面也随螺纹型芯 1 的拧出而分型，塑件暂时还留在型腔内不动。当螺纹型芯 1 在塑件内还有一个螺距时，定距螺钉 4 拉着支承板 3，使分型面 B—B 加速打开，塑件被带出凹模。继续开模，塑件全部脱离型芯和凹模。

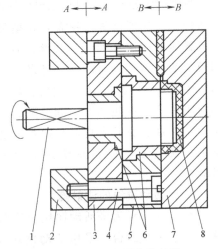

图 4-27　自动卸螺纹注射模

1—螺纹型芯　2—支架　3—支承板
4—定距螺钉　5—动模板　6—衬套
7—定模板　8—塑件

4.5.6 热流道注射模

热流道注射模也称无流道凝料注射模，它是采用对浇注系统流道进行绝热或加热等的方法，使注射机喷嘴到模具型腔入口处的流道内的塑料始终呈熔融状态，这样，每次注射成型后开模取出塑件，没有浇注系统凝料。

热流道注射模可分为加热流道注射模和绝热流道注射模。加热流道注射模是指模具中设置加热器，将浇注系统加热到规定的温度，以便有效地维持流道温度不变，使浇注系统内的塑料始终保持熔融状态，保证塑件成型开模后无浇注系统凝料。同时，由于流道温度恒定，流道内的压力传递损失也小，塑件内残余应力也大幅度减小，因此，经加热流道注射模成型后的塑件精度高，质量好。但加热流道注射模对温度的要求较高，要同时安装加热、测温、绝温和冷却等装置，模具结构复杂，成本高。

绝热流道注射模是指不对浇注系统进行辅助加热，采用特殊结构保证浇注系统绝热，以达到无浇注系统凝料的目的。绝热流道注射模浇注系统流道的截面较大，以便利用塑料比金属导热性差的特性，让靠近流道内壁的塑料冷凝成一个完全或半融化的固化层，起到绝热作用，而流道中心部位的塑料在连续注射时仍然保持熔融状态，熔融的塑料通过流道的中心部分顺利充填型腔。由于不对流道进行辅助加热，其中的塑料容易固化，因此要求注射成型周期短。

图 4-28 所示为热流道注射模，图 4-29 所示为热流道注射模的开模状态图。塑料从注射机喷嘴 21 进入模具后，在流道中加热保温，使其仍保持熔融状态。浇注系统的流道用电热棒插入热流道板 15 上的加热孔 16 中加热，绝热层 18 阻止流道板中的热量向外散失。流道喷嘴 14 用导热性能优良、强度高的铍铜合金或性能类似的其他合金制造，以利热量传至前端。每一次注射完毕，只有型腔内的塑料冷凝成型，没有流道的冷凝料，取出塑料制件后又可继续注射。

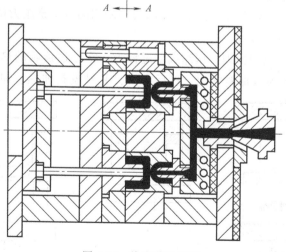

图 4-28 热流道注射模

由热流道注射模注射成型的塑件上没有流道凝料，可提高塑料利用率，缩短成型周期，提高生产效率，有利于实现自动化生产，塑件的质量好、精度高。热流道注射模成型方法是

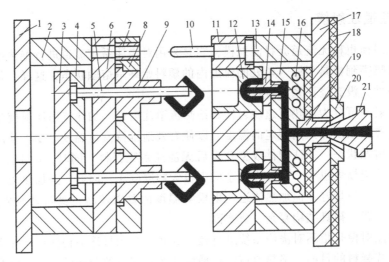

图 4-29　热流道注射模的开模状态图

1、8—动模板　2、13—支架　3—推板　4—推杆固定板　5—推杆　6—动模座板　7—导套

9—凸模（型芯）　10—导柱　11—定模板　12—凹模　14—流道喷嘴　15—热流道板

16—加热孔　17—定模座板　18—绝热层　19—主流道衬套　20—定位圈　21—注射机喷嘴

节能、低耗、高效的塑料成型工艺，但热流道注射模结构复杂，成本高，对模具的温度控制要求严格，因此适用于大批量生产。

4.6　压缩模

压缩模又称压塑模、压制模，是塑料成型模具中一种比较简单的模具。压缩模是借助压力机的加压和对模具的加热，使直接放入模具型腔内的塑料熔融并固化而成型为所需塑件的模具。压缩模主要用来成型热固性塑件。压缩成型所用的设备是压力机或液压机。

1. 压缩成型的原理及过程

图 4-30 所示为压缩成型原理。压缩成型过程为：将经过预制的热固性塑料原料（也可以是热塑性塑料）加入模具加料室内，然后合模，并对模具加热、加压，塑料呈熔融状态

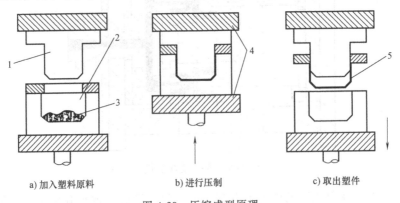

a) 加入塑料原料　　　　　b) 进行压制　　　　　c) 取出塑件

图 4-30　压缩成型原理

1—凸模　2—凹模　3—原料　4—加热板　5—塑件

并充满型腔，然后冷却模具，塑件固化而成型，即压缩成型过程主要为加料、合模加压和脱模等。

2. 压缩成型的工作循环

图 4-31 所示为压缩成型的工作循环，即：将塑料原料加入模具加料室内，塑料原料经模具合模，加热、加压，排气，熔融塑料固化（热固性塑料发生交联反应并逐渐固化，热塑性塑料不发生交联反应，逐渐冷却并固化）而成型为所需塑件，然后开模取出塑件，清模后再合模，重新进行下一个压缩成型的工作循环。

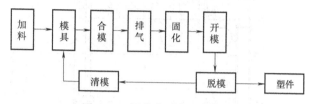

图 4-31　压缩成型的工作循环

3. 压缩成型的特点

1）成型方式和过程与注射成型不同。注射成型时，模具是在型腔中处于闭合状态下成型的，而压缩成型是靠凸模对凹模中的原料不断施加压力，使塑料在型腔内成型的。

2）模具结构较简单。压缩模没有浇注系统，只有一段加料室，这是型腔的延伸和扩展。

3）耗材少。由于没有浇注系统，所以没有浇注系统凝料。

4）强度高。压缩模成型零件的强度比注射模高。

5）压力损失小。压力机的压力直接通过凸模传递给塑料原料，使压力损失大大减少，有利于流动性较差的塑料成型，还可压制表面积较大的塑件。

6）生产周期长，效率低。

7）模具的磨损大。

8）不易压制形状复杂、壁厚相差较大、带有较小易断嵌件的塑件。

压缩模的分类方法很多，若按照模具在压力机上的固定形式分类，压缩模可分为移动式压缩模、半固定式压缩模和固定式压缩模。

4.6.1　固定式压缩模

固定式压缩模是指压缩模固定安装在立式压力机上。图 4-32 所示为固定式压缩模，图 4-33 所示为固定式压缩模的开模状态图。上、下模分别固定在压力机的上、下工作台上，开模、合模和塑件脱模均在压力机上完成。

1. 固定式压缩模的基本结构

固定式压缩模由型腔、加料腔、合模导向机构、脱模机构和加热系统组成。

1）型腔：型腔是直接成型塑件的部分，加料时配合加料腔起装料作用。型腔由加料室（凹模）12、下凸模 1、型芯 2 和上凸模 7 等零件构成。

2）加料腔：由于热固性塑料在成型前后具有较大的比体积，在塑件成型前，单靠型腔无法容纳全部的原料，因此，在型腔之上需要设有一段加料室。加料腔是由加料室 12 的上半部分、下凸模 1、型芯 2 和上凸模 7 形成的型腔空间。

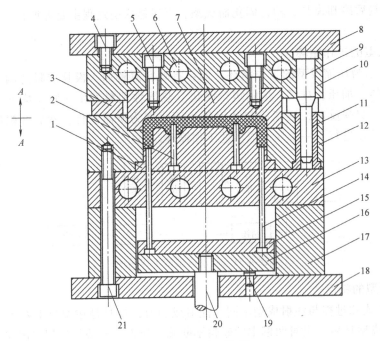

图 4-32　固定式压缩模

1—下凸模　2—型芯　3—承压板　4、5、21—内六角螺钉　6—加热棒安装孔　7—上凸模
8—上模座板　9—导柱　10—上模加热板　11—导套　12—加料室（凹模）　13—下模加热板
14、20—顶杆　15—顶杆固定板　16—顶杆垫板　17—垫块　18—下模座板　19—限位螺钉

3）合模导向机构：合模导向机构由布置在模板周边的四根导柱 9 和四个导套 11 组成。工作时，由合模导向机构进行定位和导向开合。

4）脱模机构：成型后的塑件由脱模机构从模具的型腔中推出。模具的脱模机构由顶杆 14 和 20、顶杆固定板 15 和顶杆垫板 16 等零件构成。

5）加热系统：热固性塑料的压缩成型需要一定的温度，因此必须对模具进行加热。模具的上模加热板 10 和下模加热板 13 分别开设有四个加热棒安装孔，用来插入加热棒，分别对上凸模 7、下凸模 1、型芯 2、加料室 12 进行加热。

2．固定式压缩模的工作过程

开模时，压力机的上模部分上移，上凸模 7 脱离下模一段距离，压力机的辅助液压缸开始工作，顶杆 20 使顶杆垫板 16 推动顶杆 14 将压缩成型的塑件顶出压缩模外。然后，再在型腔中加料。合模时，导柱 9 和导套 11

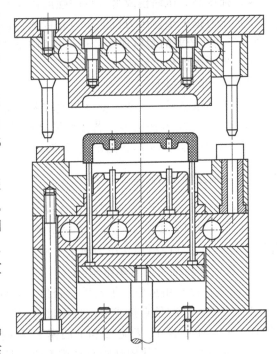

图 4-33　固定式压缩模的开模状态图

实现导向定位，热固性塑料在加料腔和型腔中受热、受压，成为熔融状态而充满模具型腔。塑料固化成型后再开模，取出塑件，完成一个压缩成型的循环周期。

固定式压缩模的生产效率高，操作简单，劳动强度小，开模振动小，模具寿命长，但模具结构复杂，成本高，且安放嵌件不方便，适用于成型批量较大或尺寸较大的塑件。

4.6.2 移动式压缩模

移动式压缩模是指模具不固定安装在设备上。图4-34所示为成型电器旋钮的移动式压缩模，图4-35所示为电器旋钮制件图。模具不固定在压力机上，塑件成型后将模具移出压力机，使用专用卸模工具开模，取出塑件。

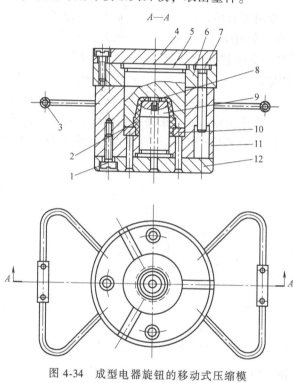

图4-34 成型电器旋钮的移动式压缩模

1—内六角螺钉 2—塑件 3—手柄 4—上模座板
5—凹模 6—凹模固定板 7—导柱 8—螺纹型芯
9—下模型芯 10—螺纹型环 11—模套 12—下模座板

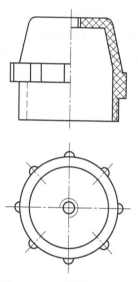

图4-35 电器旋钮制件图

1. 移动式压缩模的基本结构

图4-34中是一个热固性塑件的压缩模，它有一个水平分型面，属于单型腔移动式模具。该模具分为上模和下模两大部分。上模部分由上模座板4、凹模5、凹模固定板6和导柱7等零件组成。下模部分由下模型芯9、螺纹型环10、模套11、下模座板12和螺钉等零件组成。

2. 移动式压缩模的工作过程

工作时先将螺纹型芯8插入下模型芯9的定位孔中，螺纹型环10放入模套11的底部，将热固性塑料原料放入由模套11等零件构成的加料室中。上、下模闭合，握住手柄3，将模具移到压力机中进行压缩成型。塑件固化成型后，将模具移出压力机。利用专用卸模架将上、下模分开，同时利用卸模架中的推杆将螺纹型环 10、塑件 2 和螺纹型芯 8 一同推出模套 11。最后从塑件上拧下螺纹型芯 8 和螺纹型环 10，重新放入模具中使用，完成一个成型周期。

该模具结构简单，制造周期短，但因加料、开模、取件等工序均需手工操作，生产率低、模具易磨损，劳动强度大，模具质量一般不宜超过 20kg，适用于压缩成型批量不大的中、小型塑件以及形状复杂、嵌件较多、加料困难或带有螺纹的塑件。目前，移动式压缩模仅在试验及新产品试制中使用，批量生产中已经被淘汰。

4.6.3　半固定式压缩模

半固定式压缩模是指模具的一部分在开模时可取出，一部分则始终固定在设备上。

图 4-36 所示为半固定式压缩模，一般将上模用压板 7 固定在压力机上，下模可沿导轨 6 移出压力机进行加料或在卸模架上脱出塑件。下模移动时用限位块限定移动的位置。合模前，首先将金属或非金属嵌件放入凹模 1 中固定，再放入热固性塑料原料。通过手柄 5 使凹模 1 沿导轨 6 移动至限位块所限定的位置。合模时，通过导向机构定位，在压力机的加热、加压下，熔化塑料并使其充满型腔。塑料经固化成型后，压力机将上模提升，用手工将下模沿导轨 6 移出后再从下模中取出塑件。也可按需要采用下模固定的型式，工作时移出上模，用手工取件或通过卸模架取件。

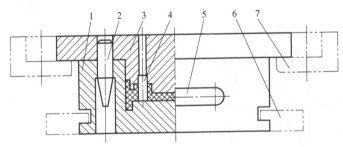

图 4-36　半固定式压缩模

1—凹模（加料室）　2—导柱　3—凸模　4—型芯　5—手柄　6—导轨　7—压板

该模具结构便于放嵌件和加料，且上模不用移出机外，从而减轻了劳动强度。当移动式模具过重或嵌件过多时，可采用这种模具结构。

4.7　压注模

压注模又称传递模或挤塑模，是在压缩模的基础上发展起来的一种模具。它也是常见的一种热固性塑料的成型模具。

1. 压注成型的原理及过程

图 4-37 所示为压注成型原理。压注成型过程为：先闭合模具，然后将经预压成锭状并预热的塑料加入模具的加料室 2 中，使其继续受热呈熔融状态，在与加料室相配合的压料柱塞 1 的压力作用下，熔融塑料经过浇注系统高速挤入模具型腔。热固性塑料在型腔内继续受热、受压，发生交联反应并逐渐固化成型。随后打开模具取出塑件，清理加料室和浇注系统后进入下一次成型过程。

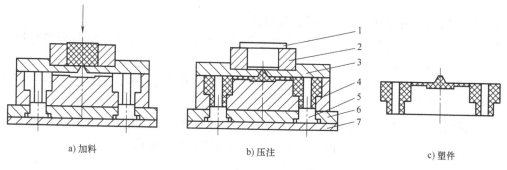

| a) 加料 | b) 压注 | c) 塑件 |

图 4-37 压注成型原理

1—压料柱塞 2—加料室 3—上模座 4—凹模 5—凸模 6—凸模固定板 7—下模座

2. 压注成型的工作循环

图 4-38 所示为压注成型的工作循环。

3. 压注成型的特点

1）压注模设有单独的加料腔来盛装和熔融塑料，塑料熔体是通过浇注系统充满型腔的。浇注系统对压注模非常重要。

2）塑料熔体进入型腔之前，模具已经闭合。由于压注成型时排气量较大，模具需设置专门的排气系统。

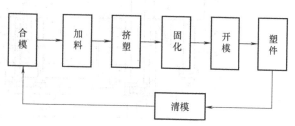

图 4-38 压注成型的工作循环

3）可成型径向尺寸较小、嵌体较多的塑件和形状复杂的薄壁塑件。

4）塑件质量高。

5）固定式压注模通常需要在加料腔和型腔周围安放加热元件。

6）塑料的消耗量较多。压注成型时会产生不能回收的浇注系统和加料腔残余的凝料。对于小型塑件宜采用多型腔压注模。

7）压注模结构比较复杂，精密度高。

压注成型工艺过程与压缩成型工艺过程基本相似，压缩成型是先放料后合模，而压注成型是先合模后放料。压注模与压缩模在模具结构上的最大区别是，压注模设有单独的加料室。压注模比压缩模结构复杂、成本高。

压注模按照在压力机上的固定型式分类，可分为固定式压注模和移动式压注模；按照模具加料腔的型式分类，可分为溢式压注模、不溢式压注模和半溢式压注模；按照分型面的型式分类，可分为水平分型面压注模和垂直分型面压注模。

4.7.1 固定式压注模

1. 固定式压注模的基本结构

图 4-39 所示为固定式压注模。压注模主要由以下七个部分组成：

1）成型零部件：指直接与塑件接触的零部件，如上模板 6、下模板 5、型芯 13 等。

2）加料装置：由压柱 10 和加料室 11 组成。移动式压注模的加料室和模具是可分离的，固定式压注模的加料室与模具在一起。

3）浇注系统：与注射模相似，主要由主流道、分流道和浇口组成。

4）导向机构：由导柱、导套组成，起定位、导向作用。

5）侧向分型与抽芯机构：如果塑件中有侧孔或侧凹，则必须采用侧向分型与抽芯机构，具体的设计方法与注射模类似。

6）推出机构：在注射模中采用的推杆、推管、推件板等各种推出机构，在压注模中也同样适用。

7）加热系统：压注模的加热元件主要是电热棒和电热圈，加料室、上模和下模均需要加热。移动式压注模主要靠压力机上、下工作台的加热板进行加热。

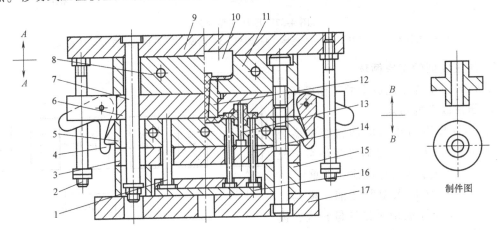

图 4-39 固定式压注模

1—复位杆 2—拉杆 3—支承板 4—拉钩 5—下模板 6—上模板 7—定距导柱
8—加热器安装孔 9—上模座板 10—压柱 11—加料室 12—浇口套
13—型芯 14—推杆 15—垫块 16—推板 17—下模座板

2. 固定式压注模的工作过程

开模时，压柱 10 随上模座板 9 向上移动，A—A 分型面分型，加料室 11 敞开，压柱把浇注系统的凝料从浇口套 12 中拉出。当上模座板 9 上升到一定高度时，拉杆 2 上的螺母迫使拉钩 4 转动，使之与下模部分脱开，接着定距导柱 7 起作用，使分型面 B—B 分型，最后由推出机构将塑件推出。合模时，复位杆 1 使推出机构复位，拉钩 4 靠自重将下模部分锁住。

4.7.2 移动式压注模

1. 移动式压注模的基本结构

图 4-40 所示为移动式料槽压注模。其特点是加料室和模具本体部分可以分离。移动式压注模的结构主要是由压料柱塞 4、凹模 6 和型芯（凸模）2 三大部分组成。压注模的加料装置由加料室 5 和压料柱塞 4 等组成。压料柱塞 4 是一个活动的零件，不需要连接到压力机的压板上。压注模的浇注系统与注射模相似，包括主流道、分流道和浇口。

2. 移动式压注模的工作过程

模具闭合后放上加料室 5，在加料室 5 中加入热固性塑料，通过压力机对压料柱塞 4 进行加热、加压，在加料室 5 中使塑料熔化，并通过模具的浇注系统将熔化的塑料注入模具型腔中。完成塑件的压注成型工艺后，压力机的上压板上移，将压料柱塞 4 从加料室 5 中取

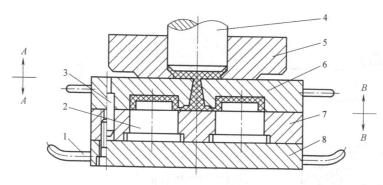

图 4-40　移动式料槽压注模

1—手柄　2—型芯（凸模）　3—导柱　4—压料柱塞　5—加料室
6—凹模　7—型芯固定板　8—下模座板

出。然后，从模具上移开加料室 5，对加料室 5 内部及其底部进行清理。随后取下凹模 6，打开模具分型面取出塑件和浇注系统凝料。清理完型芯和分型面的表面后合模，再将加料室 5 放在模具上，在加料室 5 中加入热固性塑料，进入下一周期的压注成型过程。

移动式压注模适用于小型塑件的压注成型加工。

4.8　挤出成型工艺及其模具

挤出成型是使处于粘流状态的塑料在高温、高压下通过具有特定断面形状的模口，在较低温度下生产出具有所需截面形状的连续型材的成型方法。

挤出模主要用于成型热塑性塑料，可成型的制品包括管、棒、板、丝、薄膜、电缆电线的包覆以及各种截面形状的管材或板材。挤出成型设备是塑料挤出机。其成型原理如图 4-41 所示（以管材的挤出为例）。将粒状或粉状的塑料加入挤出机料筒内加热熔融，使之呈粘流态，利用挤出机的螺杆旋转（柱塞）加压，迫使塑化好的塑料通过具有一定形状的挤出模具（机头）口模，成为形状与口模相仿的粘流态熔体，经冷却定型，借助牵引装置拉出，从而获得截面形状一定的塑料型材，经切断器定长切断后，置于卸料槽中。

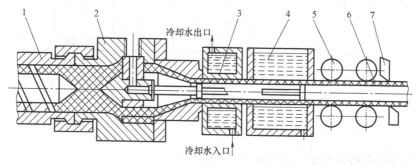

图 4-41　挤出成型原理

1—挤出机料筒　2—机头　3—定径装置　4—冷却装置　5—牵引装置　6—塑料管　7—切割装置

图 4-42a 所示为挤出管材的挤出工艺过程示意图，图 4-42b 所示为挤出片材和板材的挤出工艺过程示意图。

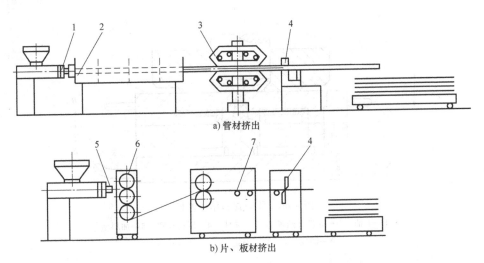

a) 管材挤出

b) 片、板材挤出

图 4-42 常见的挤出工艺过程示意图
1—挤管机头 2—定型与冷却装置 3—牵引装置 4—切断装置
5—片（板）坯挤出机头 6—碾平与冷却装置 7—切边与牵引装置

4.9 吹塑成型工艺及其模具

吹塑成型也称中空吹塑成型，是将处于塑性状态的热塑性塑料型坯置于模具型腔内，借助压缩空气将其吹胀，使之紧贴于型腔壁上，经冷却定型得到中空塑件的成型方法。该成型方法可获得各种形状与大小的中空薄壁塑件，如薄壁塑料瓶、桶、罐、箱以及玩具类等中空塑料容器。图 4-43 所示为中空吹塑成型原理。

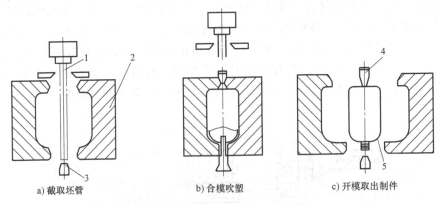

a) 截取坯管   b) 合模吹塑   c) 开模取出制件

图 4-43 中空吹塑成型原理
1—坯管 2—吹塑模具 3—吹气头 4—尾料 5—吹塑制件（塑料瓶）

吹塑成型方法有挤出吹塑、注射吹塑和拉伸吹塑。

挤出吹塑是把管状坯料在未冷却之前送入吹塑模具内，再用压缩空气吹胀成型。

注射吹塑要使用一侧为注射成型，另一侧为吹塑成型的专用设备，在注射成有底瓶坯后，再加热转入吹塑模内用压缩空气吹塑成型。

拉伸吹塑是把挤出或注射出的坯料，拉长后进行吹塑成型。

用挤出吹塑成型法制造的塑料薄膜是最常见的塑料制件之一。用挤出吹塑法生产出的薄膜厚度为 0.01~0.25mm，展开宽度可达 20m。能够采用吹塑法生产薄膜的塑料品种有 PE、PP、PVC、PS、PA 等，其中以前三类最为常见。

4.10　真空成型工艺及其模具

真空成型也称真空吸塑成型，是把热塑性塑料板（或片）固定在模具上，用辐射加热器进行加热，当加热到该塑料的软化温度时，用真空泵把板（或片）材与模具之间的空气抽掉，借助大气压力，使板材贴模而成型。

真空成型的方法主要有凹模真空成型、凸模真空成型、凹模凸模先后抽真空成型、压缩空气延伸法真空成型和柱塞延伸法真空成型等。

图 4-44 所示为凹模真空成型，图 4-45 所示为凸模真空成型。

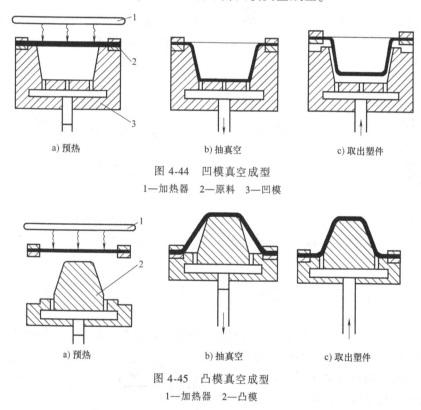

a) 预热　　　　　　b) 抽真空　　　　　　c) 取出塑件

图 4-44　凹模真空成型
1—加热器　2—原料　3—凹模

a) 预热　　　　　　b) 抽真空　　　　　　c) 取出塑件

图 4-45　凸模真空成型
1—加热器　2—凸模

真空成型一般只需单个凸模或凹模，模具结构简单，制造成本低，但壁厚不均匀。由于真空成型的压力有限，不能成型厚壁塑件，因此这种成型方法主要用于制造薄壁塑件，如塑料包装盒、餐具盒、罩壳类塑件、冰箱内胆、浴室镜盒等各种薄壁塑料用品及杯、碗等一次性使用的容器。

4.11　气体辅助注射成型工艺

气体辅助注射成型是一种较新的成型加工技术。它是在传统注射成型的基础上发展起来的。气体辅助注射成型技术最早可追溯到 20 世纪 70 年代中期，直到最近十几年，气体辅助注射成型技术才得到较快的发展。

气体辅助注射成型技术是将高压惰性气体注射到熔融的塑料中，形成中空截面并推动熔融塑料完成充模过程或填补因树脂收缩后留下的空隙，在塑件固化后再将气体排出，从而实现注射、保压、冷却等过程的一种技术。这种方法克服了传统注射成型的缺点，特别适用于加工壁厚不均匀的塑件，能够消除壁厚不均匀塑件在加工时产生的缩孔和凹陷等缺点，防止塑件在保压时容易产生的翘曲变形和开裂等现象。因此，这项技术被越来越广泛地运用到汽车、家电、日常用品、办公自动化设备、建筑材料等领域中。

图 4-46 所示为使用气体辅助注射模成型车门把手的工艺过程。

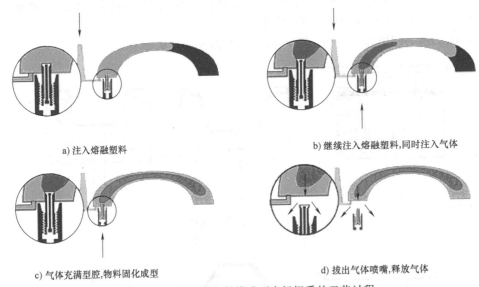

a) 注入熔融塑料　　　　　　b) 继续注入熔融塑料,同时注入气体

c) 气体充满型腔,物料固化成型　　　　d) 拔出气体喷嘴,释放气体

图 4-46　气体辅助注射模成型车门把手的工艺过程

4.12　反应注射成型工艺

反应注射成型是一种利用化学反应来成型塑料制件的新型工艺方法。反应注射成型是将两种发生反应的塑料原料分别加热软化后，由计量系统按一定比例放入高压混合器，经高速搅拌混合发生塑化反应后，再注射到模具型腔中，它们在型腔中继续发生化学反应，并且伴有膨胀、固化的加工工艺。图 4-47 所示为反应注射成型工艺过程。

反应注塑模主要用于成型聚氨酯、环氧树脂等热固性塑件，也可以用于生产尼龙、ABS、聚酯等热塑性塑料，尤其是在生产聚氨酯泡沫塑件方面应用广泛。利用反应注射成型工艺，可成型轿车仪表盘、转向盘，飞机和汽

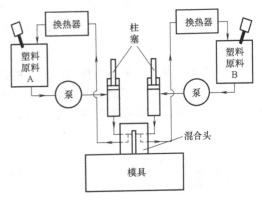

图 4-47　反应注射成型工艺过程

车的座椅及椅垫，仿大理石浴缸、浴盆等，还能成型用玻璃纤维增强的聚氨酯泡沫塑件。

思 考 与 练 习

1. 塑料的组成成分有哪些？

2. 塑料的特点有哪些？

3. 常见的塑料有哪些种类？

4. 按照注射模中各个零部件所起的作用分析，注射模主要由哪几部分组成？试举例说明。

5. 注射模的工作原理是什么？

6. 试根据图 4-9，简述典型塑料模具的基本结构及其工作过程。

7. 单分型面注射模有什么特点？试述其工作过程。

8. 从分型面来看，单分型面注射模的两部分各含有哪些主要零件？

9. 双分型面注射模有什么特点？试述其工作过程。

10. 简述带侧向分型抽芯机构注射模的开、合模动作过程及其适应范围。

11. 简述带活动镶块注射模的开、合模动作过程及其适应范围。

12. 简述自动卸螺纹注射模的开、合模动作过程及其适应范围。

13. 简述无流道注射模的开、合模动作过程及其特点。

14. 导柱模相对于导板模有何优越性？

15. 单型腔和多型腔注射模的优缺点分别是什么？

16. 试述压缩成型的原理。

17. 试述固定式压缩模、移动式压缩模和半固定式压缩模各自的特点。

18. 试述固定式压注模和移动式压注模各自的特点。

19. 简述挤出成型的原理。

20. 简述吹塑成型的原理。

21. 简述真空吸塑成型的原理。

22. 简述气体辅助注射成型的原理。

23. 简述反应注射成型的工艺过程。

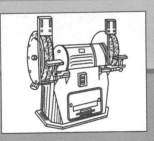

第5章
其他模具概述

除了前面重点学习的冲压和塑料成形方法以外，还有一些其他的模具成形方法，如用于金属压力铸造成型的压铸模，用于锻压成形的锻模，用于粉末冶金成形的粉末冶金模等。本章将介绍这些模具常用的成形方法及其基本结构和工作过程。

5.1 压铸模

压铸就是将熔融状态或半熔融状态的合金浇入压铸机的压室中，然后使其在高压的作用下，以极高的速度充填入压铸模的型腔，并在高压下使熔融合金冷却凝固成型的高效、精密的铸造方法。

压铸模是实现金属压力铸造成型的专用工具和主要工艺装备。压铸技术的发展速度很快，压铸模产量紧随冲压模和塑料模，位居第三。利用压铸模可以成型各种形状复杂、轮廓清晰、组织致密、尺寸精度和表面质量均较高的有色金属铸件，也可成型部分黑色金属铸件。如压铸模可制作汽车、军事、航空航天、仪器仪表、电子通信、农业、医疗、以及建筑等行业中产品的金属零件。图5-1所示为汽车上的铸件，图5-2所示为各种铸件实例展示。

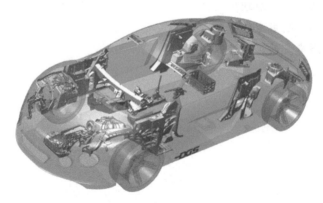

图 5-1　汽车上的铸件

压铸模的类型较多，按所成型的金属材料不同，可分为铝合金压铸模、锌合金压铸模、铜合金压铸模和镁合金压铸模等；按所使用的压铸机不同，可分为热室压铸机用压铸模、卧

图 5-2　各种铸件

式冷室压铸机用压铸模、立式冷室压铸机用压铸模和全立式压铸机用压铸模等。

压铸模与塑料注射模在结构上有很多相似之处。但由于压铸成型时模具需承受金属熔体高温、高压和高速等条件的作用，因而压铸模的设计、制造与注射模相比又有较大的区别。

5.1.1　压铸模的基本结构及工作过程

压铸模的结构型式取决于所选压铸机的种类、压铸件的结构要求和生产批量等因素。但不论是简单的还是复杂的压铸模，都是由导柱、导套导向，定模、动模分别镶嵌在定模套和动模套内。卸料部分由反顶杆、顶件杆、推杆垫板及推杆固定板等构成，起开模、推出制件的作用。定模固定在压铸机的固定模板上，与压铸机的压射部分相连接；动模固定在压铸机的移动模板上，可随压铸机的合模装置做开、合模移动。合模时，动模与定模闭合构成型腔和浇注系统，金属熔体在高压下快速充满型腔。开模时，动模与定模分开，借助于模具上的推出机构将铸件推出。

1. 热室压铸机用压铸模的基本结构及工作过程

热室压铸机用压铸模的典型结构如图 5-3 所示。定模部分由定模座板 20、定模套板 13、定模镶块 21、浇口套 22、导套 15 等零件组成，其余零件组成动模。模具的成型零件是定模镶块 21、动模镶块 17 和 18 以及型芯 19；推出机构由推杆 4、7、9，扇形推杆 8，推杆固定板 10，推板 11，推板导柱 24，推板导套 1 和复位杆 23 组成；浇注系统零件是浇口套 22 和分流锥 3，其中分流锥起调整直浇道截面积、改变金属熔体流向及减少金属耗量等作用；导向零件是导柱 14 和导套 15；其余零件是支承固定零件。

成型时，模具在压铸机合模装置的作用下闭合并被锁紧，压射装置将型腔内的熔融金属经过压射通道和模具浇注系统在高压下快速地压入型腔。熔体在型腔内成型以后，合模装置向左移动开启模具，由推出机构将铸件从成型零件上推出，完成一个压铸成型过程。

2. 卧式冷室压铸机用压铸模

卧式冷室压铸机用压铸模的主要结构特征是浇口套为压铸机压室的一部分，压射冲头进入浇口套，因而压铸余料不多，金属熔体进入型腔前的转折少，压力损失也小。此外，浇口位置既可放在铸件侧面，也可设置在铸件中部。因此，这种类型的压铸模可成型各种压铸合

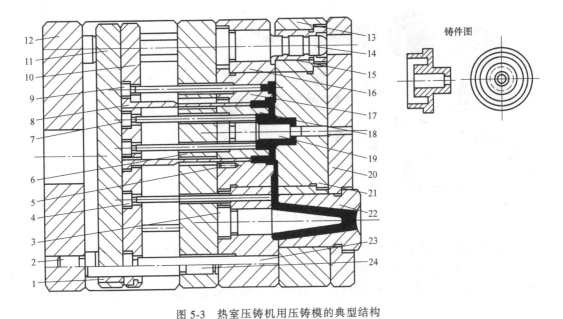

图 5-3　热室压铸机用压铸模的典型结构

1—推板导套　2—限位钉　3—分流锥　4、7、9—推杆　5—止转销　6—支撑板　8—扇形推杆
10—推杆固定板　11—推板　12—动模座板　13—定模套板　14—导柱　15—导套　16—动模套板
17、18—动模镶块　19—型芯　20—定模座板　21—定模镶块　22—浇口套　23—复位杆　24—推板导柱

金制成的铸件，应用较广泛。卧式偏心浇口压铸模的基本结构如图 5-4 所示。斜销、滑块、活动型芯、楔紧块、限位块和弹簧等组成斜销抽芯机构。

卧式中心浇口压铸模的基本结构如图 5-5 所示。开模时，由压射冲头推进，将螺旋槽浇口套内的余料按螺旋线方向旋出，在直浇口处扭断。

3. 立式冷室压铸机用压铸模

立式冷室压铸机用压铸模的典型结构如图 5-6 所示。模具的定模部分由定模套板 7、定模镶块 9、导柱 8 和浇口套 10 等零件组成，其余零件组成动模部分。成型零件是定模镶块 9 和动模镶块 11。这种压铸机便于在模具上设置中心浇口，故主要用于成型需采用中心浇口或点浇口的盘套类铸件。

5.1.2　压铸模的主要零部件

压铸模的组成零件很多。与塑料模一样，可根据各零件在模具中所起的作用不同，将压铸模的零件分为成型工作零件、浇注系统、排溢系统、导向零件、推出复位机构、侧向分型抽芯机构、加热与冷却系统、支承与固定零件等。各类零件的详细分类如图 5-7 所示。

压铸模零件中，支承与固定零件、导向零件、推出机构等组成模架的通用零件及成型零件中的通用镶块，基本上已经标准化了，设计时应尽量选用相应的标准件。

1. 成型零件

压铸模的成型零件包括型芯（凸模）、凹模、螺纹型芯、螺纹型环及各种成型镶件等。成型零件在压铸成型过程中，经常要受到高温、高压和高速的金属熔体的冲击和摩擦，容易发生磨损、变形和开裂（甚至断裂）等现象。

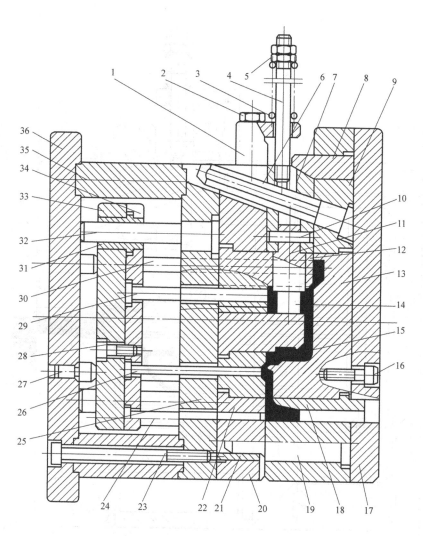

图 5-4　卧式偏心浇口压铸模的基本结构

1—限位块　2、16、23、28—螺钉　3—弹簧　4—螺栓　5—螺母　6—斜销　7—滑块　8—楔紧块　9—定模套板
10—销钉　11—活动型芯　12、15—动模镶块　13—定模镶块　14—型芯　17—定模座板　18—浇口套
19—导柱　20—动模套板　21—导套　22—浇道镶块　24、26、29—推杆　25—支承板　27—限位钉
30—复位杆　31—推板导套　32—推板导柱　33—推板　34—推杆固定板　35—垫块　36—动模座板

　　压铸模成型零件的结构型式也分为整体式和镶拼式两种，其中以镶拼式结构应用较广泛。图 5-8 所示为整体式成型零件的结构型式，其中图 5-8a 为整体式型芯，图 5-8b 为整体式凹模。整体式结构具有较好的强度和刚度，铸件表面无镶拼痕迹，模具结构紧凑，装配工作量小。整体式结构的成型零件主要用于型腔的形状较简单、铸件生产批量不大和精度要求不太高的场合。

　　镶拼式结构的镶拼原则主要是：保证镶块的定位稳定可靠，以能承受高压、高速的金属熔体的冲击；便于铸件脱模，避免产生与脱模方向垂直的飞边；不影响铸件的外观及有利于飞边的去除；保证模具有足够的强度和刚度，避免出现尖角和薄壁；防止热处理变形或开裂，便于机械加工等。

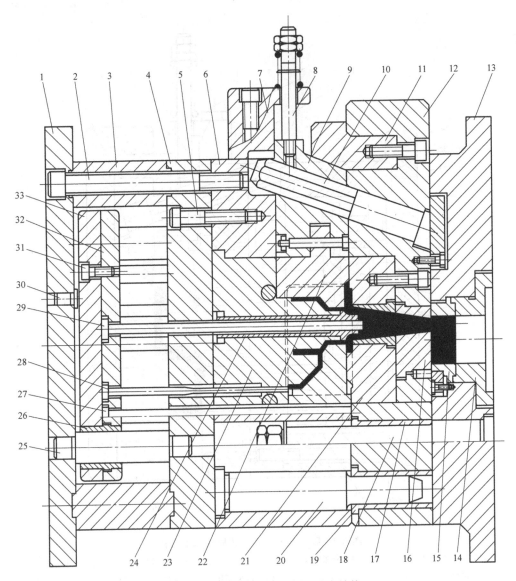

图 5-5 卧式中心浇口压铸模的基本结构

1—动模座板 2、5、31—螺钉 3—垫板 4—支承板 6—动模套板 7—限位块 8—螺栓 9—滑块 10—斜销
11—楔紧块 12—定模活动套板 13—定模座板 14—浇口套 15—螺旋槽浇口套 16—浇道镶块 17、19—导套
18—定模导柱 20—动模导柱 21—定模镶块 22—活动镶块 23—动模镶块 24—分流锥 25—推板导柱
26—推板导套 27—复位杆 28—推杆 29—中心推杆 30—限位钉 32—推杆固定板 33—推板

2. 浇注系统

浇注系统主要由直浇道、横浇道和内浇口组成。根据所使用的压铸机类型不同，浇注系统的结构型式也有所不同。各类压铸机所用模具的浇注系统结构如图5-9所示。

（1）直浇道 直浇道是金属熔体进入模具型腔时首先经过的通道，也是压力传递的首要部位，其大小会影响金属熔体的流动速度和充填时间。直浇道的结构型式与所选压铸机的类型有关。

（2）横浇道 横浇道是金属熔体从压室通过直浇道后流向内浇口之间的一段通道。其

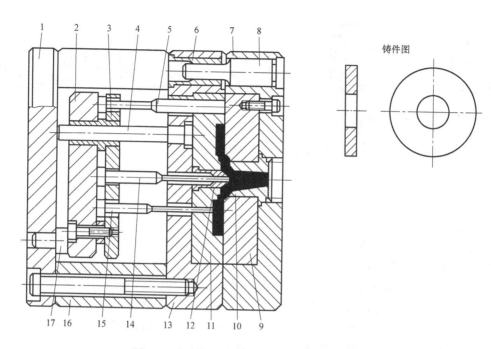

图 5-6 立式冷室压铸机用压铸模的典型结构

1—动模座板 2—推板 3—推杆固定板 4、8—导柱 5—复位杆 6—导套 7—定模套板 9—定模镶块
10—浇口套 11—动模镶块 12—分流锥 13—动模套板 14—中心推杆 15—推杆 16—垫块 17—限位钉

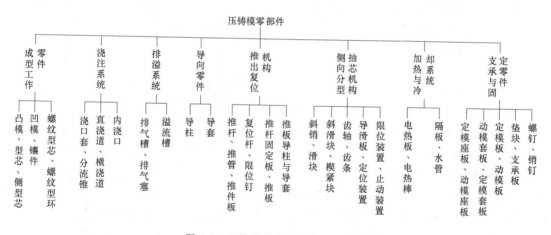

图 5-7 压铸模零部件分类的结构图

作用包括将熔体从直浇道平稳过渡到内浇口，使熔体成为理想流态充满型腔，以及预热型腔、传递压力和补缩。

（3）内浇口 内浇口的作用是使横浇道输送的金属熔体成为理想的流态而顺利高速地充填型腔。内浇口的型式、位置、大小决定金属熔体的流态、流向和流速，对铸件的质量有直接的影响。

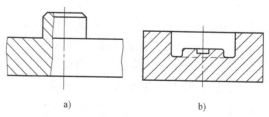

图 5-8 整体式成型零件的结构型式

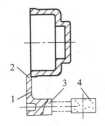 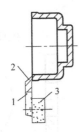 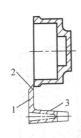 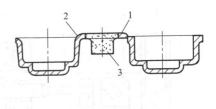

a)立式冷室压铸机浇注系统　b)卧式压铸机浇注系统　c)热室压铸机浇注系统　　　　d)全立式压铸机浇注系统

图 5-9　浇注系统结构图

1—横浇道　2—内浇口　3—直浇道　4—余料

3. 排溢系统

排溢系统是排气系统和溢流系统的总称，主要包括溢流槽和排气槽。它和浇注系统一起对充填条件起控制和调节作用。

（1）溢流槽　溢流槽又称集渣包，它的作用是容纳最先进入型腔的冷金属液和混入其中的气体及残渣；控制金属熔体流态，防止局部产生涡流；调节模具各部分的温度，改善热平衡状态；可设计在铸件与推杆接触的位置；可控制开模时铸件的留模位置；作为铸件存放、运输及加工时支承、吊挂、装夹或定位的附加部分。

溢流槽的结构型式主要有以下几种：设置在分型面上的溢流槽；设置在型腔内部的溢流槽；双级溢流槽和设有凸台的溢流槽。

（2）排气槽　排气槽一般与溢流槽配合，布置在溢流槽后端的分型面上，以加强溢流和排气效果。

4. 模架及其零件

压铸模的模架由支承固定零件、导向零件与推出机构等组成。典型的压铸模模架组合结构如图 5-10 所示。

国家标准规定了组成压铸模模架的15个主要的通用标准零件：动模座板与定模座板、动模套板与定模套板、支承板、垫块等支承与固定零件；供加工型腔用的通用镶块；导柱、导套等导向零件；构成推出机构的推杆、推杆固定板、推板、推板导柱与导套、复位杆、限位钉及垫圈等常用零件。

（1）动模套板与定模套板　动模套板与定模套板主要用来安装成型零件（镶块）。

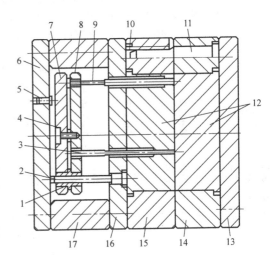

图 5-10　压铸模模架组合结构

1—推板导套　2—推板导柱　3—推杆　4—垫圈
5—限位钉　6—动模座板　7—推板
8—推杆固定板　9—复位杆　10—导套
11—导柱　12—镶块　13—定模座板
14—定模套板　15—动模套板
16—支承板　17—垫块

套板的结构型式按外形可分为圆形和矩形两种，按镶块安装孔的型式又可分为通孔式和不通孔式两种。套板的结构尺寸通常是根据镶块的尺寸，套板上要设置的导柱、导套孔，连接的螺钉、销钉孔，抽芯和推出机构所占用的位置以及浇注系统、排溢系统、加热与冷却系统等所占用的位置来确定。同时，套板工作时要承受压铸充填过程中的胀型力，因此套板的尺寸还要考虑强度上的需要。特别在大、中型铸件成型时，模具套板的强度常常是一个突出的问题，需要根据强度条件计算有关尺寸。

（2）支承板　压铸模支承板与注射模支承板的作用和结构型式基本相同，但压铸模支承板承受的压力更大一些，因此对支承板的强度和刚度要求更高。当铸件及浇注系统在分型面上的投影面积较大且垫块的间距也较大时，为了加强支承板的刚度，通常在支承板和动模座板之间设置与垫块等高的支柱，也可以借助于推出机构中的推板导柱来加强对支承板的支承作用。

（3）定模座板　定模座板是用来固定定模套板以构成定模部分，并将定模固定在压铸机上的一种基础模板。定模座板的尺寸根据动模套板而定，但要留出安装到压铸机上时压板或紧固螺钉的安装位置，以便与压铸机的固定模板可靠连接。

（4）动模座板　动模座板是用来支承动模并将动模固定在压铸机移动模板上的一种基础模板。

（5）导向零件　导向零件在压铸模中起定位和导向作用，以保证动、定模相对位置的正确，一般包括导柱和导套。常用的导向零件是圆截面的导柱、导套。

5. 加热与冷却系统

压铸模在压铸生产前需要进行充分的预热，并在压铸过程中保持在一定的工作温度范围内。压铸模的工作温度是由加热与冷却系统来控制和调节的。

（1）模具的预热　模具预热的作用是：避免金属熔体激冷过剧而很快失去流动性；改善模具型腔的排气条件；避免模具因高温金属熔体的激热而胀裂，延长模具使用寿命。模具的预热方法有电加热、煤气加热、红外线加热等，生产中常用的是电加热。

（2）模具的冷却　模具冷却的作用是：均衡模具的温度，改善铸件的凝固条件；减缓模具的热应力，延长模具的使用寿命；缩短模具温度的调节时间，利于提高生产率。

模具的冷却方法主要有风冷和水冷两种。风冷是利用压缩空气冷却模具，模具本身一般不需专门设置冷却装置。其特点是能将模具内涂料吹匀，加速涂料的挥发，减少铸件的气孔。水冷是在模具内设置冷却水通道，利用循环水冷却模具。其特点是冷却速度快，可提高生产率和铸件内部质量。

5.2　锻模

锻模是指将金属毛坯加热到一定温度后，放在模膛内，利用锻锤压力使其发生塑性变形，充满模膛后成形为与模膛相近的制件的专用模具。锻模是锻压生产中的主要工具，是机械制造中不可缺少的专用工艺设备之一。

锻造工艺主要用来提高零件的力学性能，改善组织结构，延长零件的使用寿命等，所以锻模在各行各业中的应用也十分广泛，许多重要零件都需要锻造成形。锻造分为自由锻和模锻两种。自由锻就是没有模具的锻造，外形、尺寸全靠工人来控制，古代铁匠打造刀、剑等兵器都是采用这种方法。自由锻成形的制件精度低，一般用于单件小批量生产。模锻工艺主要用于大批量重要零件的生产，制件精度高，使用性能好。汽车的曲轴、连杆等均为模锻件，如图 5-11 所示。

图 5-11　模锻件制品

锻模是热模锻工具。锻模的模膛制成与所需锻件凹凸相反的相应形状，并做合适的分模。将锻件坯料加热到金属的再结晶温度以上的锻造温度范围内，放在锻模上，再利用锻造设备的压力将坯料锻造成带有飞边的锻件。

根据使用设备的不同，锻模分为锤锻模、机械压力机锻模、螺旋压力机锻模、平锻模等。

5.2.1　锻模的基本结构

锻模分为锤锻模结构和胎模结构两部分。

1. 锤锻模结构

锤锻模一般由上模和下模两部分组成，如图 5-12 所示。下模 5 紧固在模垫上，上模 3 与锤头 2 连接，可与锤头一起做上下运动。上、下模均有模膛。模锻时，将坯料放在下模

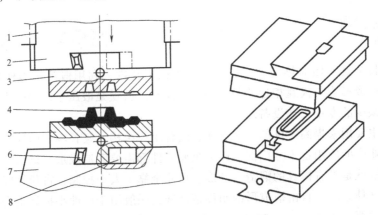

图 5-12　锤锻模结构
1—导轨　2—锤头　3—上模　4—锻件　5—下模　6—楔块　7—模座　8—键

上，上模随锤头向下运动而对坯料施加压力，使其变形并填满模膛，获得与模膛形状一致带有飞边的锻件。最后在切边模上切下飞边，即可得到合格的锻件。

2. 胎模结构

（1）漏模 漏模是最简单的胎模，如图 5-13 所示，模具由冲头、凹模及定位导向装置构成。通常，漏模是中间带孔的圆盘胎模。漏模的中段要车出钳槽以便夹持。

漏模主要用于回转体制件的局部镦粗、制坯、切飞边和冲连孔等工序。

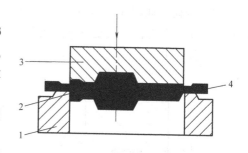

图 5-13 漏模的基本结构
1—凹模 2—锻件 3—冲头 4—飞边

（2）摔模 如图 5-14 所示，摔模由上模和下模组成。摔模的上模和下模模膛形状基本一致，对两端贯通的摔模来说，两端都要设计出圆角，以免摔伤锻件并有利于脱模。对于一端封闭的摔模更要注意设计圆角。

（3）扣模 如图 5-15 所示，扣模由上扣、下扣或仅有下扣（上扣为锤砧）构成。操作时，锻件在扣模中不翻转。扣模变形量小，生产率低，主要用于杆叉类锻件的生产。

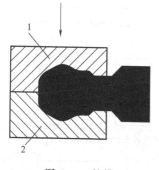

图 5-14 摔模
1—上模 2—下模

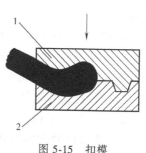

图 5-15 扣模
1—上扣 2—下扣

（4）弯模 如图 5-16 所示，弯模由上模和下模组成，主要用于弯杆类锻件的生产。

（5）垫模 如图 5-17 所示，垫模只有下模没有上模（上模为上砧）。垫模生产率较高，主要用于圆轴、圆盘及法兰盘锻件的生产。

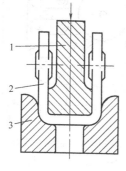

图 5-16 弯模
1—上模 2—锻件 3—下模

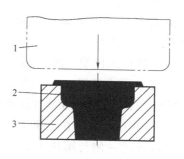

图 5-17 垫模
1—上砧 2—锻件 3—下模

（6）套模　如图 5-18 所示，套模由模套、模冲、模垫组成，模冲进入模套形成封闭空间，是一种无飞边的闭式模。其主要用于圆轴、圆盘类锻件的生产。

（7）合模　如图 5-19 所示，合模由上、下模及导向装置构成。锻造结束后，会在分模面上形成横向飞边，合模是有飞边的开式模。该模具通用性强，寿命长，生产率高，多用于杆叉类锻件的生产。

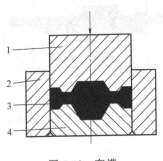

图 5-18　套模

1—模冲　2—模套　3—锻件　4—模垫

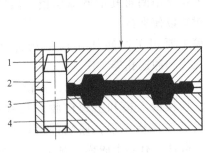

图 5-19　合模

1—上模　2—导销　3—锻件　4—下模

5.2.2　锻模的主要零部件

1. 模架

热模锻压力机压下速度低、工作平稳，上、下模闭合后存在间隙，不发生碰撞，模块只承受金属塑性变形的抗力，所以一般采用在模架内安装模膛镶块的组合式锻模结构。模架是由上、下模座，导柱和导套，推出装置以及镶块紧固零件等组成的。模架在结构上应保证镶块紧固牢靠，装拆、调整方便，通用性强。虽然模架一般是通用的，但是由于各种锻件所要求的工步数不同，镶块的形状不同以及镶块内所设置的顶出器数量不同，所以每台热模锻压力机都有数套通用模架。

按照镶块在模座中紧固方法的不同，模架主要有三种结构型式。

（1）压板紧固式模架　图 5-20 所示为圆形镶块压板紧固式模架。三个圆形镶块用压板 3 紧固。上、下镶块 4 放在淬火垫板6 上，后挡板 8 用螺钉固定在上模座 2 和下模座 7 上。压板的一侧与镶块上的圆柱面相匹配，当压板被螺钉压紧时，镶块即被紧固。导柱 1 和螺栓 5 设在模座的一侧。圆

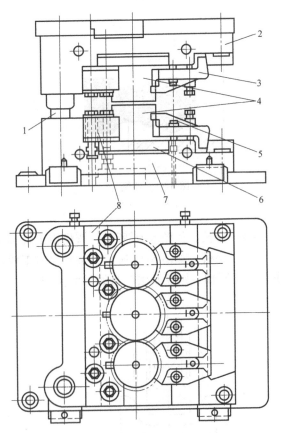

图 5-20　圆形镶块压板紧固式模架

1—导柱　2—上模座　3—压板

4—上、下镶块　5—螺栓　6—淬火垫板

7—下模座　8—后挡板

形镶块在水平面内的位置不能调整，故镶块及紧固件必须有较高的加工精度，以保证可靠地紧固和配合。

压板紧固式模架的优点是镶块紧固刚性大，结构简单，但是对不同尺寸锻件的通用性较差，镶块装拆、调整不方便，并且镶块不能翻新。

（2）键紧固式模架 如图 5-21 所示，该模架取消了压板紧固式模架中的后挡板、斜面压板以及模座上的凹槽。镶块、垫板、模座之间都用十字形布置的键进行前后、左右方向的定位和调整。

键紧固式模架通用性强，一副模架可以适应各种不同尺寸的锻件及不同形状的镶块（圆形或矩形），镶块的装拆、调整方便，镶块可以翻新，但是对垫板、键等零件的加工精度要求较高。

（3）斜楔紧固式模架 如图 5-22 所示，上模座 7 和下模座 10 开有矩形槽，并用斜楔和键将上、下模垫 4 和 2 紧固在矩形槽内。上、下镶块 3 和 1 则用一对斜楔 9 紧固在模垫内。上、下镶块前后位置的调整与紧固，靠装有螺杆的拉楔 13 及垫片 11 来实现。这种模架结构，镶块更换方便并具有通用性，但是只适合于单模腔镶块的情况。

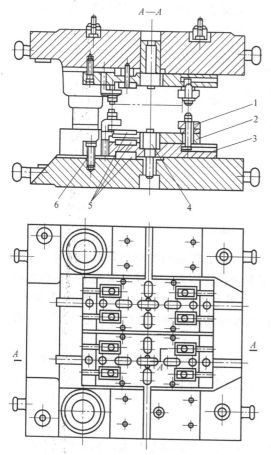

图 5-21 键紧固式模架
1—压板 2—中间垫板 3—底层垫板
4—偏头键 5—导向键 6—螺钉

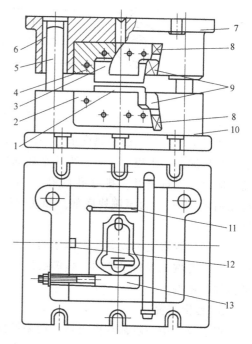

图 5-22 斜楔紧固式模架
1—下镶块 2—下模垫 3—上镶块 4—上模垫
5—导柱 6—导套 7—上模座 8、9—斜楔
10—下模座 11—垫片 12—键 13—拉楔

2. 镶块

热模锻压力机用模膛镶块有圆形和矩形两种。圆形镶块适用于回转体锻件；矩形镶块适用于任何形状的锻件。

（1）压板紧固式模架用镶块 图 5-23 所示为压板紧固式模架用镶块，图 5-23a 为矩形镶块，图 5-23b 为圆形镶块，图 5-23c 为制坯镶块。圆形镶块下部制成 5~10mm 的凸肩，供压板紧固用，底面或侧面开有防转键槽。矩形镶块的前后端面带有 7°~10° 的斜度，与压板上的斜度相匹配。对于镦粗工步，可采用轴头式镶块，如图 5-23c 所示，用螺钉紧固在模架的左前角。

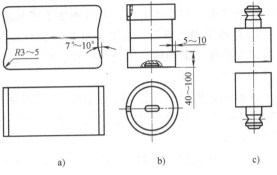

图 5-23 压板紧固式模架用镶块

（2）键紧固式模架用镶块 图 5-24 所示为键紧固式模架用镶块，其中图 5-24a 为圆形镶块，图 5-24b 为矩形镶块，图 5-24c 为制坯镶块。其底部都开有十字形的键槽或者空位孔。矩形镶块的前、后端和圆形镶块的周边都开有供压板压紧用的直槽。

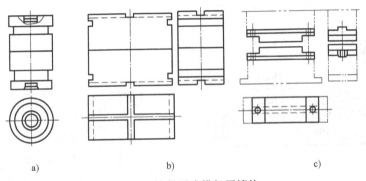

图 5-24 键紧固式模架用镶块

热模锻压力机上的金属变形在一次行程中完成，聚积在模膛内的空气如果无法排出，就会受到压缩而产生很大压力，阻止金属向模膛深腔处充填。因此，在模膛深腔金属最后充填处，应该开设排气孔。排气孔的孔径为 1.2~2mm，孔深为 5~15mm，然后与直径为 8~16mm 的孔相连，直至镶块底部。如模膛底部有推出器或其他的排气缝隙时，则不需要开排气孔。

终锻模膛镶块一般应放在模架的中心，以免偏心打击。但有时为了提高模锻生产率，也可以将模膛按工步顺序排列。热模锻压力机抗偏载能力强，并且模具导向精度较高，可以降低错移的影响。

3. 推出装置

锻模镶块中一般都有推出器，用来推出模膛中的锻件。推出器的位置根据锻件的形状和尺寸确定，如图 5-25 所示。一般情况下推出器应顶在飞边上，如图 5-25a 所示，对于具有较大孔的锻件，推出器可以顶在冲孔连皮上，如图 5-25b 所示，如果推出器必须顶在锻件本体上，则尽可能顶在加工面上，如图 5-25c 所示。

推出器也可以是模膛的组成部分。例如冲孔连皮直径较小的锻件，为了保证凸模的强度，在冲孔深度不大时，可采用如图5-25d所示的推出器。凸模做在推出器上，便于维修或更换。

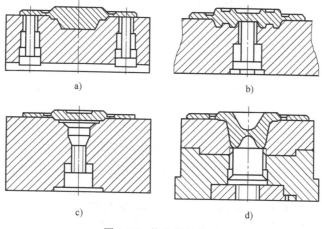

a)

b)

c)

d)

图5-25 推出器的位置

镶块中推出器的上、下运动是靠热模锻压力机推杆的动作实现的。热模锻压力机的推杆数目有1~5个。当热模锻压力机推杆的数目、位置与镶块上的推出器不相符时，需要设计杠杆式推杆装置，把热模锻压力机推杆的动作，通过杠杆均匀地传递到镶块的各个推出器上。当锻件从模膛中取出后，推出装置在自重的作用下，回复到原来的位置。

杠杆式推杆装置有各种结构型式，图5-26所示为三模膛下的推杆装置。推杆6通过杠杆3及托板2将动作传给三个推出器1。

4. 导向装置

锻模的导向装置由导柱、导套组成，如图5-27所示，一般采用双导柱，设置在模座的后面或侧面。导柱、导套分别与上、下模座配合，导柱和导套之间则保证0.25~0.5mm的间隙。

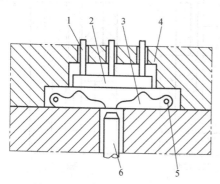

图5-26 三模膛下的推杆装置
1—推出器 2—托板 3—杠杆
4—下模 5—绕轴 6—推杆

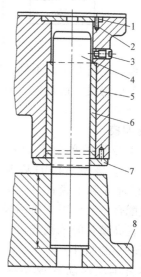

图5-27 导向装置
1—盖板 2—螺钉 3—螺塞 4—导柱
5—模座 6—导套 7—端盖 8—下模座

导柱长度应保证滑块在上止点位置时导柱不能脱离导套，在下止点位置时不会穿出上模座。

5. 闭合高度

锻模的轮廓形状和尺寸根据热模锻压力机的工作空间尺寸及镶块尺寸设计。滑块在最高位置时，上、下镶块之间的开口高度应大于毛坯放入模膛以及从模膛中顺利取出锻件所需的操作空间高度。

5.3 粉末冶金模具

粉末冶金技术是以金属粉末（或者金属粉末与非金属粉末的混合物）为原材料，用成型、烧结方法，制造出具有一定形状、尺寸、密度和性能的制件的一种工艺制造技术。粉末冶金模具就是粉末冶金技术中所用的模具。金属粉末冶金制件已应用在国民经济的各个领域，见表 5-1。

表 5-1　金属粉末冶金制件的应用领域及应用实例

序号	应用领域	应用实例
1	汽车、船舶	离合器内环、拨叉套、分配器套、气门导管、同步毂等
2	机械	如钻头、刀头、喷嘴、枪钻、螺旋铣刀、冲头、套筒、扳手等
3	电子	电子封装、微型电机外壳、传感器件等
4	日常用品	表壳、表链、电动牙刷杆、剪刀、圆珠笔卡箍等
5	医疗	正牙矫形架、剪刀、镊子等
6	军事	导弹尾翼、弹头、药型罩等

粉末冶金生产工艺流程如图 5-28 所示。

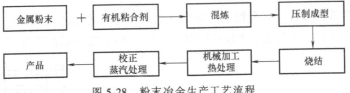

图 5-28　粉末冶金生产工艺流程

按照模具压制方法的不同，粉末冶金模具可分为压制模、精整模、复压模、锻造模等。

1. 压制模

实体类压坯的单向手动式成型模如图 5-29 所示。该模结构的基本零件是阴模 4、上模冲 6 和下模冲 7。模套 5 与阴模为过盈配合，其作用是给阴模施加预压应力，以提高模具的承载能力。它适用于压制截面较小的制件。

实体类压坯浮动式成型模如图 5-30 所示。阴模 8 固定在浮动的阴模板 7 上，由弹簧托起，限位螺钉 3 限位。需要改变

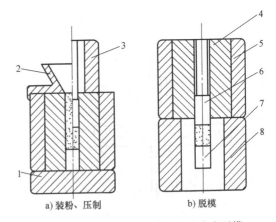

a) 装粉、压制　　b) 脱模

图 5-29　实体类压坯单向手动式成型模
1—压垫　2—装粉斗　3—限位块　4—阴模
5—模套　6—上模冲　7—下模冲　8—脱模座

装粉高度时，可更换不同高度的调节垫圈 4 来实现。压制时，阴模壁在摩擦力的作用下，克服弹簧力向下浮动。

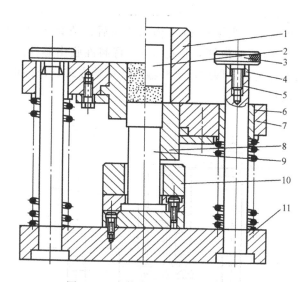

图 5-30 实体类压坯浮动式成型模

1—脱模座 2—上模冲 3—限位螺钉 4—调节垫圈 5—导柱 6—导套

7—阴模板 8—阴模 9—下模冲 10—限位套 11—下模板

2. 精整模

手动通过式精整模如图 5-31 所示。这种结构精整外径时，上模冲 7 有导向，不致损坏压件的同轴度。它适用于精整较长的烧结制件。

轴套拉杆式半自动通过式精整模如图 5-32 所示。阴模 8 固定在模柄 14 上，芯棒 15 固

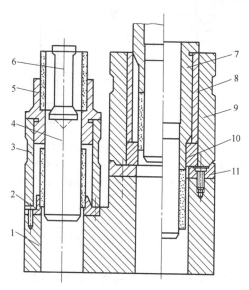

图 5-31 手动通过式精整模

1—模座 2、5—定位套 3—脱模座 4—芯棒 6—顶杆 7—上模冲

8—导套 9—模套 10—阴模 11—压垫

定在模座底板 16 上。上、下模冲只起顶脱作用，即成为脱模顶套 10 和托盘 7。精整时，制件放在芯棒上定位，靠阴模精整余量将制件压入芯棒，托盘随压力机冲头和拉杆下行，落到压盖 3 上后，阴模继续下行，完成径向精整。

脱模时，制件被阴模带上，当顶杆 13 被横梁挡住后，顶套将制件脱出阴模；若制件留在芯棒上，则拉杆 12 上行时顶动顶杆 6 和托盘 7，将制件脱出芯棒。该结构要求制件外径的精整余量大于内径的精整余量，即适用于外箍内的精整方式。该结构较简单，送料时制件有定位，但不便于自动送料。

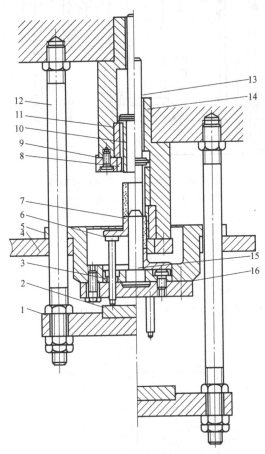

图 5-32　轴套拉杆式半自动通过式精整模

1—横梁　2—垫块　3—压盖　4—模板　5—模座　6、13—顶杆　7—托盘　8—阴模
9—模套　10—顶套　11—限位套　12—拉杆　14—模柄　15—芯棒　16—模座底板

5.4　橡胶模

橡胶制件具有耐热、耐磨、耐油、耐寒、减震、密封、绝缘、弹性好等性能，被广泛用作防振、缓冲、耐磨、绝缘、密封等工程材料和日常生活用品，如汽车轮胎、键盘垫、手机壳、橡胶塞、密封件等，如图 5-33 所示。

根据橡胶模的结构和加工工艺的不同，橡胶模主要分为填压模、压注模和注射模三

图 5-33　橡胶制件

大类。

1. 填压模

将胶料装入模具型腔中，通过平板硫化机加压、加热硫化而得到橡胶制件的模具称为填压模。这种填压模又可分为三种。

（1）开放式填压模　开放式填压模是利用上、下板接触，以外力压制制件，上模无导向，无加料腔，胶料易从分型面流掉，制件有水平方向的挤压边，如图 5-34 所示。

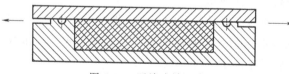

图 5-34　开放式填压模

开放式填压模的优点是结构简单，造价低，压制制件时易排除空气，但胶料易流失，耗胶量大。该结构的模具在橡胶模中占的比例比较大。

（2）封闭式填压模　封闭式填压模有加料腔，上模有导向，在压制制件的过程中，胶料不易流出，胶料受压力大，制件密度高，耗胶量小。但模具排气性差，精度要求高，制造成本也高，一般胶布制品多采用封闭式填压模。其结构如图 5-35 所示。

（3）半封闭式填压模　从结构上来看半封闭式填压模兼有开放式填压模和封闭式填压模的优点。这种结构型式的模具在压制制件时，胶料的流动性在一定程度上受到了限制，仅能流出一部分胶，压制压力比开放式填压模大，橡胶制件的密度也比较高，如图 5-36 所示。

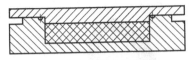

图 5-35　封闭式填压模

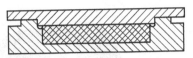

图 5-36　半封闭式填压模

2. 压注模

压注模是将胶料放入压缩腔内，利用柱塞传递的压力，通过注胶道口将胶料压入型腔内而得到的橡胶制件的模具。压注模压制的橡胶制件密度高、质量好。压注模生产率高，适合于制造内有嵌件、形状复杂、难以装胶的制件。图 5-37 所示为有嵌件的压注模，图 5-38 所示为纯胶制件的压注模。

3. 注射模

注射模是利用专用注射机的压力，将加热成熔融状态的橡胶注入锁模后的模腔内而硫化成型的橡胶模，如图 5-39 所示。

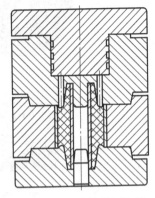

图 5-37　有嵌件的压注模

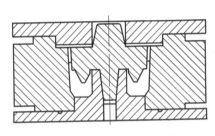

图 5-38　纯胶制件的压注模

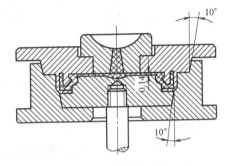

图 5-39　橡胶注射模

注射模结构型式的确定应根据制件的结构和注射机的类型、结构统一考虑。该模具适合于大批量生产，生产率高，产品质量好。

根据同一模具一次压制橡胶制件数量的多少，橡胶模又可分为单腔模和多腔模。

（1）单腔模　一次只能压制一个制件的模具称为单腔模。一般尺寸较大、结构比较复杂的制件，多设计成单腔模来加工。

（2）多腔模　有两个或两个以上的型腔，一次能压制多个制件的模具称为多腔模，如图 5-40 所示。在多腔模中，可以是同一规格的制件，也可以是不同规格的制件。和单腔模相比，多腔模虽然结构复杂，配合精度要求高，制造难度大，但生产率高。一般小规格的制件多采用多腔模。

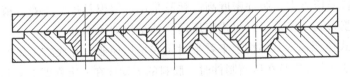

图 5-40　多腔橡胶模

5.5 陶瓷模

陶瓷模是指成型各种陶瓷器皿等制件所用的模具。1877年，陶瓷砂轮的出现标志着陶瓷模的诞生，20世纪80年代，陶瓷模迅速发展，技术水平逐渐提高，其应用范围越来越广。陶瓷制件因具有很好的耐热性、耐磨性、耐蚀性、电绝缘性等特点而备受人们青睐。陶瓷广泛用于建筑、电子、机械和日常生活中，如卫浴洁具、刀具、轴承、花瓶、工艺品、餐具、茶具等，如图5-41所示。

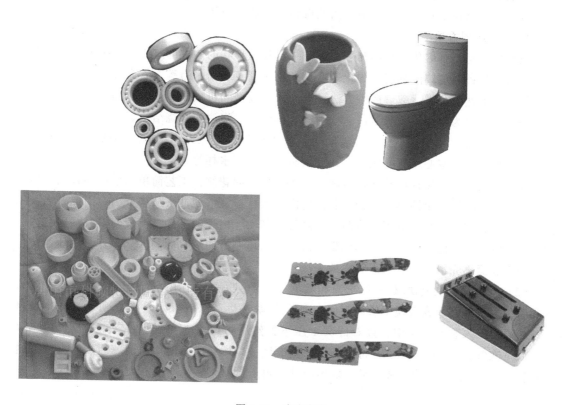

图 5-41 陶瓷制件

根据生产方式不同，陶瓷模可进行如下分类：

1）按照机压生产分为阴模和阳模。

2）按照注浆生产分为实心注浆模和空心注浆模。

3）印坯模具。

根据成型产品的作用不同可分为：

1）结构件陶瓷模。一些电器设备里需要耐磨与绝缘且用量比较大，就会选用结构件陶瓷，而成型这种结构件的模具就称为结构件陶瓷模。

2）电子陶瓷模。电子陶瓷模主要是成型陶瓷电容、压敏电阻、陶瓷发热片的模具。

3）工艺陶瓷模。工艺陶瓷模多数为木模，一般为形状不太复杂，适合批量生产的生活、装饰用陶瓷的模具。

5.6 玻璃模

玻璃通常是指硅酸盐玻璃，以石英砂、纯碱、长石及石灰石等为原料，经混合、高温熔融、匀化后，加工成型，再经退火而得。在玻璃中加入某些金属氧化物、化合物或经过特殊工艺处理，还可制得具有各种不同特性的特种玻璃，如石英玻璃、钠钙玻璃、氟化物玻璃、高温玻璃、耐高压玻璃、防紫外线玻璃、防爆玻璃等。

玻璃透明、坚硬，且具有良好的耐蚀、耐热和电学、光学特性，能制成各种形状的制件，特别是其原料丰富，价格低廉，因此得到了广泛的应用。

1. 玻璃成型方法

玻璃成型是指将熔化的玻璃转变为具有一定几何形状的制件的过程。熔融玻璃在可塑状态下的成型过程与玻璃液黏度、固化速度、硬化速度及表面张力等要素有关。

按照加工性质分类，玻璃成型方法可分为人工成型和机械成型；按照加工方法分类，玻璃成型方法可分为压制法、吹制法、拉制法、压延法、浇注法和烧结法。

（1）压制法 压制法是将塑性玻璃熔料放入模具，受压力作用而成型的方法。该方法可生产多种多样的空心或实心制件，如玻璃砖、透镜、水杯等。

压制法的特点是制件形状比较精确，能压出外表面花纹，工艺简单，生产率较高。但压制法的应用范围有一定限制，首先，制件的内腔形状应能够使冲头从中取出，因此，内腔不能向下扩大，同时内腔侧壁不能有凸、凹部位；其次，由于薄层的玻璃液与模具接触会因冷却而失去流动性，因此，压制法不能生产薄壁和沿压制方向较长的制件。另外，用压制法生产的制件表面不光滑，常有斑点和模缝。

（2）吹制法 吹制法又分压-吹法和吹-吹法。压-吹法是先用压制的方法制成制件的口部和雏型，然后移入成型模中吹成制件。利用压-吹法生产广口瓶如图5-42所示，先把熔融态玻璃原料加入雏型模4中，接着冲头1压下，然后将口模2和雏型件一起移入成型模6中，放下吹气头5，用压缩空气将雏型件吹制成型。口模和成型模均由两瓣组成，并由铰链3相连。成型后打开口模和成型模，取出制件，再进行退火。

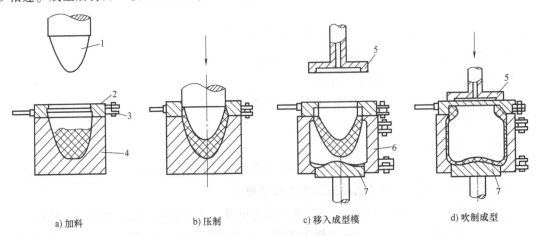

a) 加料　　　　b) 压制　　　　c) 移入成型模　　　　d) 吹制成型

图 5-42　利用压-吹法生产广口瓶

1—冲头　2—口模　3—铰链　4—雏型模　5—吹气头　6—成型模　7—底板

吹-吹法是先在带有口模的雏型模中制成口部和吹成雏型件，再将雏型件移入成型模中吹成制件。该方法主要用于生产小口瓶等制件。

（3）拉制法　拉制法主要用于玻璃管、棒、平板玻璃和玻璃纤维等的生产。

（4）压延法　压延法是将玻璃料液倒在浇注台的金属板上，然后用金属辊压延使之变为平板，然后送去退火。厚的平板玻璃、刻花玻璃、夹金属丝的玻璃等可用压延法制造。

（5）浇注法　浇注法又分普通浇注和离心浇注。

普通浇注法就是将熔好的玻璃液注入模型或铸铁平台上，冷却后取出退火并适当加工，即成制件，常用于建筑用装饰品、艺术雕刻等玻璃的生产。

离心浇注是将熔好的玻璃液注入高速旋转的模型中，由于离心力作用，使玻璃液紧贴到模型壁上，直到玻璃冷却、硬化为止。离心浇注成型的制件，壁厚对称、均匀，常用于大直径玻璃器皿的生产。

（6）烧结法　烧结法是将粉末烧结成型，用于制造特种制件及不宜用熔融态玻璃液成型的制件。

2. 玻璃模的分类

从原材料进厂到玻璃制件出厂的整个工艺流程包括配料、熔制、成型、退火、加工、检验等工序。在成型工序中，模具是不可缺少的工艺设备，玻璃制件的质量与产量均与模具直接相关。用于玻璃制件成型的工艺装置，称为玻璃成型模具，简称玻璃模。玻璃模有多种分类方法。

（1）按成型方法分类　按玻璃制件的成型方法可将玻璃模分为玻璃器皿模、吹-吹法成型瓶罐模、压-吹法成型瓶罐模等。

（2）按成型过程分类　按成型过程可将玻璃模分为成型模和雏型模。

（3）按润滑方式分类　按润滑方式可将玻璃模分为敷模（冷模）和热模。敷模模内壁敷有润滑涂层，多用于吹制空心薄壁制件，成型时制件与模具做相对旋转运动。该模一般采用水冷却，也称冷模。热模多用于空心厚壁制件的成型。

思 考 与 练 习

1. 试述压铸模的压铸工艺方法。

2. 常用压铸模有哪几大类？各自有哪些特点？

3. 压铸模的零部件有哪些？

4. 试列举各领域中的压铸模制件。

5. 常用锻模有哪几大类？各有何特点？

6. 锻模的主要零部件有哪些？

7. 试列举各领域中的锻模制件。

8. 试比较锤锻模和胎模的结构。

9. 试比较锻模制件与压铸模制件的力学性能。

10. 试述粉末冶金生产的工艺流程。

11. 试列举各领域中的金属粉末冶金制件。

12. 橡胶模有哪几大类？不同种类的橡胶模有哪些特点？

13. 试列举各领域中的橡胶模制件。

14. 试列举各领域中的陶瓷模制件。

15. 什么是玻璃模？玻璃模主要有哪些类别？

16. 试列举各领域中的玻璃模制件。

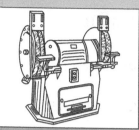

第6章

模具装配与调试技术概述

模具的精度一方面是靠模具零件的加工精度来保证，另一方面则是靠模具的装配精度来保证。模具装配精度的高低直接影响到制件的精度和模具的使用寿命等。本章将简要介绍模具装配方法、装配工艺过程、冲压模具主要零件的加工及装配等主要内容。

6.1 模具装配方法及装配工艺过程

模具的装配是指根据模具装配图样和技术要求，将组成模具的各个零部件按照一定的装配工艺顺序和方法进行定位、连接和固定，使其相互配合，成为达到所需工艺要求的专用工艺设备，这一工艺过程称为模具的装配。模具装配图及验收技术要求是模具装配的依据。

6.1.1 模具装配的主要内容及精度

模具装配的主要内容包括选择装配基准、组件装配、调整、修配、总装、研磨抛光、检测、试模、修模等，即将已加工好的模具零件按照装配图样进行组装，部装和总装，在各阶段的装配中穿插着检测、调整、修配等工作，最后进行试模并修模。装配时，要先根据装配图样和装配技术要求确定装配工艺方案，使各零件间的配合严格按照装配工艺确定的装配基准进行定位和固定，以保证零件间的配合精度，从而保证模具开合运动及其他机构（如送料、卸料、抽芯等机构）运动的准确性。

模具的装配精度包括如下内容：

1. 模具零件间的位置精度

模具零件间的位置精度是指模具的上模与下模（或动模与定模）、凸模与凹模（或型腔与型芯）、浇口套与定位圈、定位销孔与其他型孔之间的位置精度等。

2. 模具零件间的配合精度

模具零件间的配合精度是指模具中各间隙、过渡和过盈配合的精度。

3. 模具零件间的运动精度

模具零件间的运动精度是指模具运动机构中各运动零件运动、干涉等的精度，如脱模机构的精度、导向机构的精度、侧抽芯机构的精度等。

6.1.2 模具装配方法

模具的装配方法是根据模具的产量和模具装配精度要求等内容来确定的。采用合理的装配方法能使精度较低的模具零件装配出精度较高的模具，因此，选择科学合理的装配方法是模具装配的首要任务。

常用模具装配方法有三种，以下分别介绍这三种方法的特点及其适用场合。

1. 互换装配法

根据装配零件能达到的互换程度，互换装配法可分为完全互换法、部分互换法和分组互换法。

（1）完全互换法　完全互换法是指装配时各配合零件不经过选择、修配和调整，组装后就可达到装配精度要求的装配方法。

采用这种装配方法，装配质量稳定可靠，装配工作简单，易于流水线操作，效率高，对装配工人技术水平要求低，模具维修方便，但只适用于大批量和装配尺寸链较短的模具零件的装配工作。

（2）部分互换法　当装配精度较高、装配尺寸链的组成环较多时，若采用完全互换法，易使装配尺寸链各组成环的公差太小，提高加工难度，因此可采用部分互换法，使一部分装配零件能达到完全互换的要求。

这种方法使模具零件的加工变得容易，在保证装配精度要求的情况下降低了零件的加工精度要求，适用于成批和大量生产的模具的装配。

（3）分组互换法　分组互换法是指对已加工的模具零件的实际尺寸进行测量，然后按照零件加工公差的情况分组，将公差等级在同一个特定范围内的零件分在一组，并用不同颜色区分，在装配时按组进行互换装配，使其达到装配精度。

这种方法在保证装配精度的前提下扩大了模具零件的加工公差范围，使零件的加工制造变得容易，适用于要求装配精度高的成批或大量生产的模具的装配。

总之，采用互换装配法装配模具，装配过程简单，生产率高，对工人的技术水平要求不高，便于流水作业和自动化装配，易于实现专业化生产，备件供应方便。但互换装配法对模具零件的加工精度要求较高。

2. 修配装配法

修配装配法是指在某模具零件上预留修配量，装配时根据装配要求修整预留修配面，以满足装配要求。

修配装配法分为指定零件修配法和合并加工修配法。

（1）指定零件修配法　指定零件修配法是指在装配尺寸链的组成环中，指定一个易于修配的零件为修配件，装配前预留修配量，装配时对该零件进行修磨以达到装配要求的装配方法。该方法适用于单件或小批量生产的模具的装配。

（2）合并加工修配法　合并加工修配法是指将两个或两个以上的互相配合的模具零件装配后，再进行加工修配使其达到装配要求的修配装配法。

冲压模的凸模和凸模固定板就可采用合并加工修配法。将凸模和凸模固定板装配后再磨削其固定板的上平面，即固定板与上模座板的配合面，以保证装配要求。这样可适当降低凸模和凸模固定板配合面的加工精度要求。

总之，采用修配装配法装配模具可获得较高的装配精度，而零件的加工精度要求可以适当降低，但对装配工人的技术水平要求比较高，增加了修配工作量，也增加了工人的劳动强度，生产率低。

3. 调整装配法

调整装配法是指在装配时通过改变模具中某个零件的相对位置或选用合适的调整件（如垫片、垫圈、套筒等），以达到装配精度要求的方法。

常用的调整装配法有可动调整法、固定调整法和误差抵消调整法三种。

（1）可动调整法 可动调整法是指装配时，通过改变调整件的相对位置来保证装配精度的方法。图 6-1 所示为车床刀架进给机构中丝杠螺母副的间隙可动调整机构。当丝杠 1 和螺母 2、4 之间的间隙过大时，可拧动螺钉 5，使楔块 3 向上移，迫使螺母 2、4 分别靠紧丝杠的螺旋面，以减小丝杠 1 与螺母 2、4 之间的间隙。

采用可动调整法可获得很高的装配精度，并且可以在设备使用过程中随时补偿由于磨损、热变形等原因引起的误差。该方法操作简便，不必拆卸零件，在成批生产中应用广泛。

（2）固定调整法 固定调整法是指在装配中选择一个零件作为调整件，根据各组成环所形成的累积误差大小来更换不同的调整件，以保证装配精度。常用的调整件有垫圈、垫片、轴套等。图 6-2 所示为塑料注射模滑块型芯水平位置的装配调整即固定调整法示意图。图中，通过更换调整垫片 1 的厚度来满足装配精度的要求。装配时，根据预装配时对间隙的测量结果，选择某一厚度的调整垫片进行装配，以使滑块型芯 3 达到符合要求的水平位置。

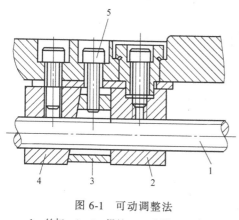

图 6-1 可动调整法
1—丝杠 2、4—螺母 3—楔块 5—螺钉

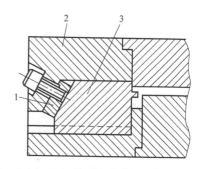

图 6-2 固定调整法
1—调整垫片 2—定模板 3—滑块型芯

（3）误差抵消调整法 误差抵消调整法是指在装配时，通过调整有关零件的相互位置，使其加工误差（大小和方向）相互抵消一部分，以提高装配精度的方法。

总之，采用调整装配法装配模具，零件不需要修配加工就能达到较高的装配精度。另外，模具工作时所受载荷较大，磨损也较大，精度会逐渐降低，采用调整修配法可对模具进行定期调整，以保持和恢复模具的精度，方法简单易操作。但机构中若增加调整件或调整机构会降低机构的刚度。

6.1.3 模具装配的工艺过程

在模具总装前要先制订出装配方案和装配工艺规程（装配工艺规程卡），选好作为装配基准的模具零件，合理安排上模和下模（或者动模和定模）的装配顺序。总装时，先安装基准件，检查无误后打入销钉，拧紧螺钉，其他零件以基准件为基准配装，螺钉不要拧紧，待调整间隙、试冲合格后再拧紧。图 6-3 所示为模具装配工艺过程。

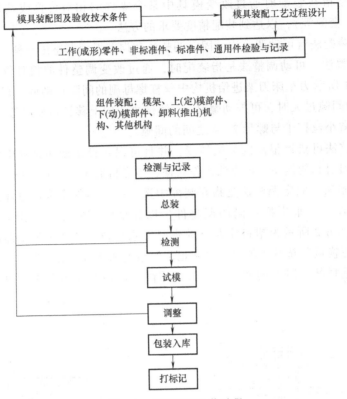

图 6-3　模具装配工艺过程

6.2　冲压模主要零件的加工及装配

6.2.1　冲压模主要零件的加工及加工设备

冲压模的主要零件通常是指凸模、凹模、凸凹模、导柱和导套等。

1. 冲压模凸模和凹模的加工原则

1) 凸模与凹模的精度应根据制件的精度而定。一般情况下，圆形凸模与凹模应按 IT5～IT6 的标准公差等级加工，非圆形凸模与凹模公差应按制件公差的 1/4 加工。

2) 对于单件生产的冲模或形状复杂的零件的冲模，其凸模、凹模应用配作法进行加工和装配，即先按图样尺寸加工凸模（或凹模），然后以凸模（或凹模）为基准件，配作凹模（或凸模），并加入凸模与凹模配合间隙的计算值或者经验值。一般情况下，落料时先制造凹模，然后以凹模为基准件配作凸模；冲孔时先制造凸模，然后以凸模为基准件配作凹模。

3) 落料时，落料制件的尺寸与精度取决于凹模刃口尺寸。因此，在加工落料凹模时，应使凹模尺寸与制件下极限尺寸相近。凸模刃口的公称尺寸，应按凹模刃口的公称尺寸减小一个最小间隙值来确定。

4）冲孔时，冲孔制件的尺寸与精度取决于凸模刃口尺寸。因此，在加工冲孔凸模时，应使凸模尺寸与孔的上极限尺寸相近。凹模刃口的公称尺寸，应按凸模刃口的公称尺寸加上一个最小间隙值来确定。

5）制作凸模、凹模时，要考虑到凸模和凹模工作时易受磨损而增大配合间隙的实际工作情况。在制作新冲模时，应采用最小合理间隙值，并且同一副冲模在各个方向上的间隙应力求均匀一致。

下面以落料凹模的加工为例，介绍冲模主要零件的加工工艺。

2. 落料凹模的加工工艺简介

如图 6-4 所示，该凹模是基准件，在落料模中是保证制件尺寸的关键零件。制作凸模时，凸模的刃口尺寸应以凹模在加工时型孔的实际尺寸为基准配制。

落料凹模的坯料尺寸为 206mm×176mm×56mm，零件尺寸为 200mm×170mm×50mm，零件的材料采用 CrWMn（也可采用其他材料），要求热处理硬度是 60~64HRC，凹模型孔内的表面粗糙度值 Ra 为 0.8μm，顶面、底面和侧面基准面的表面粗糙度值均为 1.6μm，定位销孔的表面粗糙度值 Ra 为 1.6μm，其余 Ra 均为 3.2μm。凸模与凹模的冲裁配合间隙为 0.03mm。

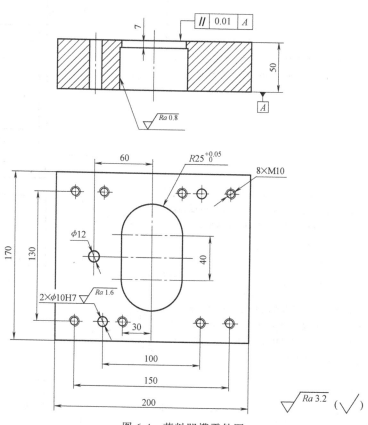

图 6-4　落料凹模零件图

凹模的制造工艺应根据凹模的形状、尺寸、技术要求及设备的具体条件等制订。该落料凹模的工艺方案很多，现一般采用电火花线切割机床进行加工，其特点是加工精度高，与凸模的配合好，效率高。落料凹模的加工工艺参考方案见表 6-1。

表 6-1　落料凹模的加工工艺参考方案

工序号	工序名称	工序内容	设备及仪器	工序简图
1	下料	使用型钢棒料,根据图样中的技术要求,在锯床或车床上将棒料切断,其每边均留有足够的加工余量	锯床或车床	
2	锻造	锻造成凹模毛坯(矩形截面),其每边均留有加工余量	锻造设备	
3	热处理	将毛坯进行退火,以消除毛坯的残余应力,消除组织缺陷,降低硬度,改善内部组织及切削加工性能	热处理设备	
4	粗加工毛坯外形	铣削或刨削毛坯 6 个平面,加工至尺寸:200.4mm×170.4mm×50.4mm,留粗磨余量0.6~0.8mm	铣床或刨床	
5	磨平面	在磨床上磨削毛坯 6 个平面至尺寸上限,要确保毛坯侧面(加工基准面)的精度,保证 6 个平面相互平行/垂直,单面留精磨余量 0.2~0.3mm	平面磨床	
6	钳工画线	以磨过的相互垂直的两个侧面为基准面,画凹模中心线、R25mm 孔中心线、ϕ12mm 定位孔中心线、2 个 ϕ10mm 销孔中心线和 8 个 M10 螺钉孔中心线	钳工工作台、画线工具及量具	
7	加工孔	加工 ϕ12mm 定位孔、2 个 ϕ10mm 销孔和 8 个 M10 螺钉孔。在工件中心加工 ϕ10mm 工艺孔(穿丝孔)	立式钻床	

（续）

工序号	工序名称	工序内容	设备及仪器	工序简图
8	热处理	淬火+低温回火，保证 60~64HRC 的硬度	热处理设备	
9	磨基准面	精磨基准面	平面磨床	
10	加工凹模型孔	在电火花线切割机床上加工凹模型孔至要求的尺寸	电火花线切割机床	
11	研磨	研磨凹模刃口、线切割面至要求的尺寸和表面粗糙度	磨床	

加工落料凸模时，要以其落料凹模为基准件，凸模刃口尺寸以凹模型孔在加工时刃口的实际尺寸为基准配制冲裁间隙，保证双面冲裁间隙为 0.03mm。零件的材料可采用 CrWMn（也可采用其他材料），要求热处理硬度是 58~62HRC，要求凸模顶面、底面和凸模安装部分的侧面表面粗糙度值 Ra 均为 1.6μm，凸模工作部分（凸模刃口）侧面的表面粗糙度值 Ra 均为 0.8μm，其余 Ra 均为 3.2μm。凸模与凹模的冲裁配合间隙为 0.03mm。其落料凸模外形轮廓的加工一般也采用数控电火花线切割机床，其加工工艺方案可参照表 6-1 所示内容。

3. 模具零件加工设备简介

选用哪种类型的数控机床，要根据模具零件的结构、尺寸和加工精度等条件而定。表 6-2 所示为几种数控机床的简介。

表 6-2　几种数控机床简介

种类	主要用途及说明	零件实例
数控车床	主要用于加工轴类或盘类零件的内外圆柱面、圆锥面、圆弧面、曲面、端面以及圆柱、圆锥螺纹等,并能进行切槽、钻孔、扩孔、铰孔及镗孔等加工	
数控铣床	主要用于平板、箱体、泵体、阀体、叉架和机架等零件的切削加工	
加工中心	在数控铣床或数控车床上安装了刀库和自动换刀装置的机床常被称为铣削加工中心或车削加工中心。加工中心适于加工形状复杂、工序较多、精度要求较高、品种更换频繁的零件,以及采用普通加工方法难以完成甚至无法完成的复杂空间曲面,如叶轮、导风轮、螺旋桨、凸轮等零件上的曲面及成形模具上的复杂曲面。这些零件的加工一般都需要加工中心多轴联动才能完成。加工中心可对经一次装夹的工件进行多工序加工,包括钻、镗、铣、铰、扩和攻螺纹等。一般情况下,其加工精度比普通数控机床高	

（续）

种类	主要用途及说明	零件实例
数控磨床	一般是对零件进行磨削加工。常用于零件在数控机床加工后，精度未达到要求的最后一道加工工序，或者零件经热处理后无法在数控机床加工的场合	
数控电火花线切割机床	主要用于模具零件的加工，在样板、凸轮、成形刀具、精密细小零件和特殊材料的加工中得到广泛应用，此外，在试制电机、电器等产品时，可直接用数控电火花线切割机床加工某些形状复杂的零件，节省加工时间，缩短试模周期，常常用于普通数控机床很难加工或者无法加工的场合。但对零件的形状有要求，零件形状必须便于"走丝"	
数控电火花成型机床	主要用于对各类模具主要零件、精密零件等的复杂型腔和曲面形体进行加工。具有加工精度高，表面粗糙度值小，速度快，表面质量好，一次加工即可达到零件加工精度要求等特点，但工具电极消耗很大，常常用于普通数控机床很难加工或者无法加工的场合	

6.2.2　冲压模的装配

1. 冲压模零件的装配方法

（1）模板的装配方法　冲压模各模板之间一般采用螺钉和销钉连接固定。大型模具的模板通常使用精密加工设备进行加工和装配；小型模具的模板通常采用补充加工法，主要有配作加工法及同钻同铰法等。

配作加工法是指模板上的螺钉孔和销钉孔不是直接按照图样标注的尺寸公差加工的，而是根据另一个相配合的零件上已加工孔来加工。将两个或两个以上的零件定位后用工具（通常使用平行夹头）暂时固定位置，按照已有孔来加工另一个待加工孔。

同钻同铰法是指将两个或两个以上相关零件找正后用平行夹头夹紧，然后按一块板上的画线位置同时钻或铰几个相关零件上的孔。

（2）成形零件的装配方法　按照模具成形零件不同的结构，需采用不同的装配方法。常用的装配方法有压入式装配方法、热套式装配方法和浇注式装配方法。

压入式装配方法是指模具成形零件与其固定板之间的配合面一般选用过渡配合或小过盈量配合，装配时采用压入式装配方法，使其固定。装配后，成形零件与其固定板之间不可再拆卸。热套式装配方法是指将零件加热后装配的方法，常用于镶拼式成形零件的固定，过盈量一般较小。浇注式装配方法是指模具成形零件与其固定板之间的配合面采用粘结方法固定，常用的浇注材料有低熔点合金、环氧树脂及无机粘合剂等。

2. 冲压模间隙的调整方法

冲压模装配的关键是如何保证凸模与凹模之间的间隙能够均匀且尺寸准确，这既与模具零件的加工精度有关，又与装配工艺是否合理有关。为此，必须选择一个主要模具零件作为装配基准件，根据基准件的位置，用调整间隙的方法来确定其他零件的相对位置。调整间隙的方法较多，常用的调整方法有以下几种：

（1）透光法　对于中、小型模具通常采用透光法。透光法是使灯光或太阳光透过凸模、凹模的间隙，然后目测观察透过的光线，根据光线的强弱来判断间隙的大小和均匀性。如果光线强，说明间隙较大，反之则间隙较小。若凸模和凹模配合的各部分透过的光线强弱基本相同，说明各部分配合间隙基本相同，否则要进行调整。

（2）垫片法　垫片法是一种常用的调整方法。其调整过程为：将凹模固定在模座上（对于正装模来说，就是固定在下模座上）；凸模初步对准凹模位置；将安装有凸模的固定板用螺钉连接在另一个模座（正装模的上模座）上，螺钉不能紧固得太紧，以便后续调整，用夹板夹紧固定板和模座；在凹模刃口四周放置垫片，垫片的厚度等于模具单边间隙值；将上模座的导套慢慢套进导柱，观察各凸模是否顺利进入凹模，且与垫片接触。用等高垫铁垫好上模座，用敲击固定板的方法，调整间隙直到均匀为止，然后拧紧上模座螺钉。该方法适用于形状复杂、间隙较大的模具。

（3）试切法　装配后用薄钢板或纸片试冲，由冲出制件周边的毛刺及光亮带判断间隙大小，再进行间隙的微调直至均匀。该方法适于单边间隙不大于 0.1mm 的模具。

（4）测量法　将凸模、凹模分别用螺钉固定在模座的适当位置上，对合后用塞尺检查周边的间隙，根据测量的结果校正凸模或凹模的位置，使间隙均匀后再锁紧螺钉。

（5）电镀法　将凸模工作表面镀上厚度与单面间隙相同的铜层或锌层来代替垫片，装配完后，镀层将在冲模工作中自动脱落，不影响制件质量。由于镀层均匀，可提高装配间隙的均匀性。该方法适于形状复杂、找正间隙困难的模具。

（6）涂漆法　将凸模浸入盛有磁漆或氨基醇酸绝缘漆的容器内，使凸模工作表面涂上一层厚度等于单面间隙值的薄膜，以此来代替电镀层。不同的间隙可用不同黏度的漆或涂不同次数。该方法适于圆形或形状简单的模具。

（7）工艺定位器法　如图 6-5a 所示，可以利用工艺定位器来调整间隙，保证上、下模同轴。工艺定位器的结构如图 6-5b 所示。其中直径为 d_1 的孔与凸模间隙配合，直径为 d_2

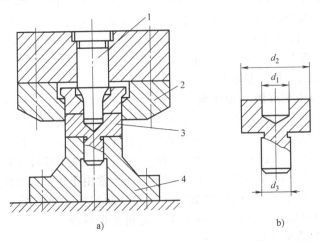

图 6-5　用工艺定位器法调整间隙
1—凸模　2—凹模　3—工艺定位器　4—凸凹模

的部分与凹模间隙配合，直径为 d_3 的部分与凸凹模的孔间隙配合，直径分别为 d_1、d_2、d_3 的部分应在车床上一次装夹车出，确保三个直径同轴。该方法适于复合模具。

（8）工艺尺寸法　将凸模的工作部分加长 0.5~1mm，并将该部分的横截面尺寸加大到与凹模间隙配合。装配完后再将凸模的加长部分磨去。该方法适用于圆形模具。

（9）酸腐蚀法　将凸模做成与凹模型孔相同的尺寸，装配后再把凸模的工作部分用酸腐蚀到符合规定间隙值的尺寸。该方法适用于圆形或形状简单的模具。

（10）标准样件法　按产品零件图先做一个样件，将其放在凸模、凹模之间，装配后再取出样件。该方法适用于弯曲、拉深及其复合模。

3. 冲压模的装配

按照冲压工序分类，冲压模有单工序模具、复合模具和级进模具。按照模具导向装置分类，单工序模具又分为无导向装置模具和有导向装置模具。对于无导向装置的冲压模，在装配时可按照装配图样要求对上模和下模分别进行装配，然后再分别安装在压力机上，其凸模和凹模间隙的调整是靠压力机完成的，模具本身无法完成。而对于有导向装置的冲模，装配时要先选择并安装基准件，再以基准件为标准，安装与基准件相关的零件，并调整好间隙，以保证模具的安装精度，最后安装辅助零件。

一般情况下，模具要先进行组件装配，再进行总装。总装时，要根据上模和下模中各个零件在装配过程中所受限制的情况来决定安装上模和下模的先后顺序。通常是先安装装配过程中受限制最大的部分，并以其作为调整模具另一部分活动零件的定位基准。通常落料模是以凹模为基准，因此要先安装有凹模的下模或上模，而冲孔模是以凸模为基准，因此要先安装有凸模的上模或下模。

下面以无导向落料模的装配为例介绍冲压模的装配，如图 6-6 所示。

（1）组装模柄组件　模柄与上模座的装配常用紧固法和压入法，该模具采用压入法装配。将模柄 10 压入上模座 9 中，要求模柄与上模座孔的配合为 H7/m6，模柄的轴线必须与上模座的上平面垂直。

（2）组装凸模组件　凸模 8 与凸模固定板（上模座 9）的装配常用紧固法和压入法，该模具采用紧固法装配。将凸模 8 装入上模座 9 的孔中，调整并找正凸模位置，保证其垂直度符合装配图样的技术要求，然后配钻凸模和上模座上的螺钉孔，并用螺钉固定拧紧。

（3）组装凹模组件　凹模 5 与凹模固定板（下模座 4）的装配也常用紧固法和压入法，该模具采用压入法装配。将凹模 5 压入下模座 4 中，并进行调试，保证其垂直度以及下模座上的漏料孔与凹模型腔孔同轴度要求，误差不超过 0.15mm。凹模装入凹模固定板中，要磨平凹模刃口面，以便与下模座安装。

（4）组装导料板和卸料板组件　将导料板 6 和卸料板 7 用螺钉固定在下模座上，并同时压紧凹模，防止模具工作时凹模上下移动。安装导料板 6 时，要保证两导料板之间的距离，并且两导料板要对称分布；安装卸料板 7 时，要保证卸料板导向孔与凹模型腔孔的同轴度要求。按照装配图样的技术要求，配钻导料板 6 和卸料板 7 与下模座上的螺钉孔，并拧紧螺钉。

该模具结构简单，组装后即可完成总装。

6.2.3　冲压模的调试

冲模装配完成后，要进行试冲，以便发现模具的设计和制造缺陷，找出产生缺陷的原

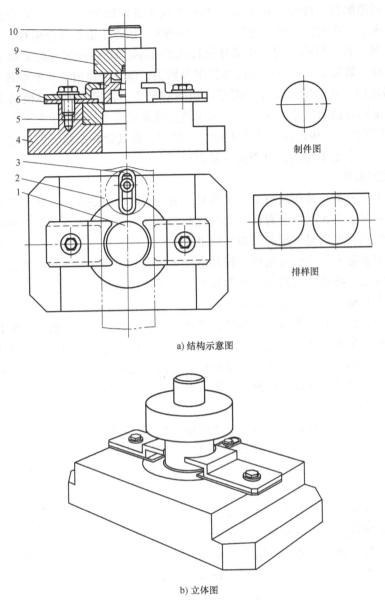

制件图

排样图

a) 结构示意图

b) 立体图

图 6-6 无导向落料模

1—制件 2—板料 3—挡料板 4—下模座 5—凹模 6—导料板

7—卸料板 8—凸模 9—上模座 10—模柄

因，及时对模具进行调整和修理，再试冲，直到模具能正常工作并冲制出合格的制件为止。

1. 试冲准备

1) 检查模具的闭合高度是否符合压力机的技术要求。

2) 检查模具的模柄是否满足压力机滑块安装孔的要求。

3) 检查压力机的刹车、离合器等操作机构是否正常。

2. 试冲材料

试冲材料的性质要符合技术要求。试冲材料表面要求平整、干净。

3. 安装冲模并调整

按照冲裁模在压力机上安装调试要求，将冲裁模安装在压力机上。

冲裁模的调整包括刃口位置的调整（调整凸模和凹模的相对位置）、冲裁间隙的调整（间隙要准确、均匀）、定位部分的调整（保证各个定位零件位置准确）、卸料部分的调整（卸料板的形状必须与制件形状吻合，与凸模的间隙要适中，保证运动灵活、平稳）等。

4. 试冲样件

试冲后的制件不少于20件。

5. 质量检验

检查冲件的质量和尺寸是否符合零件图样规定的要求，模具动作是否合理、可靠，根据试冲时出现的问题，分析产生的原因，并加以调整和修理。

1. 模具装配的主要内容有哪些？

2. 模具的装配精度有哪些？

3. 简述模具的装配方法。

4. 试述常用模具装配方法的特点及其适用场合。

5. 试述模具装配工艺过程。

6. 冲压模凸模和凹模的加工原则是什么？

7. 简述模具零件加工设备。

8. 冲压模零件的装配方法有哪些？

9. 冲压模间隙的调整方法有哪些？

10. 简述冲压模的调试内容。

11. 小论文：试说明落料凹模的加工工艺。要求论述思路清晰，语言严谨，字数在200字以上。

12. 小论文：以无导向落料模的装配为例，介绍冲压模的装配。要求论述思路清晰，语言严谨，字数在200字以上。

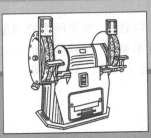

第7章

模具维护与维修技术概述

　　模具是高效加工的工艺装备，要求其精确高，寿命长，加工的制件质量稳定，易于实现自动化，因此模具的日常维护和保养非常重要。本章对模具的精度、模具的寿命、模具的成本与安全、模具标准化及标准件、模具的维护与维修技术等内容进行介绍。

7.1 模具的精度

　　模具精度包括加工上获得的零件精度和生产时保证产品精度的质量意识，但通常所讲的模具精度，主要是指模具工作零件的精度。模具精度的内容包括四个方面：尺寸精度、形状精度、位置精度、表面精度。由于模具在工作时分上模、下模两部分，故在四种精度中以上、下模的相互位置精度最为重要。模具精度是为制件精度服务的，高精度的制件必须由更高精度的模具来保证。

7.1.1 模具的精度要求

　　模具的精度要求主要是指模具成形零件的工作尺寸及精度和成形表面的表面质量。成形零件的原始工作尺寸（设计和制造尺寸）一般以制件设计尺寸为基准，应先考虑制件在成形后的尺寸收缩和模具成形表面应有足够的磨损量等因素，然后按经验公式计算确定。对于一般模具的工作尺寸，其制造公差应小于制件尺寸公差的1/3。

　　冲裁模除了应满足上述要求外，还需考虑工作尺寸的制造公差对凸模、凹模初始间隙的影响，即应保证凸模、凹模工作尺寸的制造公差之和小于凸模、凹模最大初始间隙与最小初始间隙之差，模具成形表面的表面质量应根据制件的表面质量要求和模具的性能要求确定。对于一般模具来说，要求其成形表面的表面粗糙度值 $Ra \leqslant 0.4\mu m$。

　　模具上、下模或动、定模之间的导向精度，坯料在冲模中的定位精度等对制件质量也有较大的影响，它们也是衡量模具精度的重要指标。此外，为了保证模具的精度，还应注意零件相关表面的平面度、直线度、圆柱度等形状公差和平行度、垂直度、同轴度等方向、位置公差，以及模具装配后零件与零件相关表面之间的平行度、垂直度、同轴度等方向、位置公差。模具精度一般须高于制件精度2级或者2级以上。

7.1.2 影响模具精度的因素

1. 模具的原始精度

　　模具的原始精度即模具的设计和制造精度，它是保证模具具有较高精度的基础。模具只有具备足够的原始精度，才能充分发挥模具的效能，保证模具具有足够的使用寿命，在较长时期内稳定地生产出质量合格的制件。

2. 模具的类型和结构

模具的类型和结构对模具的精度有一定的影响。例如，带有导向装置的模具，其精度要高于无导向装置的敞开式模具。

3. 模具的磨损

模具在使用过程中，成形零件的工作表面在制件成形和起模时因与制件材料的摩擦而产生磨损，这种磨损直接导致成形零件的工作尺寸和制件尺寸发生变化。

4. 模具的变形

模具受力零件在刚度、强度不足时，会发生弹性变形或塑性变形，从而降低模具的精度。例如，塑料模、压铸模中的型腔在熔融塑料或合金液的压力作用下的变形，细小型芯在熔融塑料或合金液冲击作用下的变形，都会降低模具的精度。

5. 模具的使用条件

模具的使用条件，诸如成形设备的刚度和精度，原材料的性能变化，模具的安装和调整是否得当等，都会影响到模具的精度。

7.1.3　模具的精度检查

利用模具生产制件的特点之一是生产率高、生产批量大，如果将精度不足的模具投入生产，就有可能产生大量的废品。对于这种损失应防患于未然，就有必要对模具的精度进行经常而仔细地检查。

1. 模具制造过程中的精度检查

为了保证模具具有良好的原始精度，在模具制造过程中就应注意模具的精度检查。首先应严格检查和控制模具零件的加工精度及模具的装配精度，其次应通过试模验收工作综合检查模具的精度状况。只有在试模验收合格后，模具才可以交付用户投入使用。

2. 新模具入库前的精度检查

新模具在办理入库手续前必须进行精度检查。首先应通过外观检查和测量，检查模具成形零件的工作尺寸、表面质量及其他有关指标是否达到设计要求，然后通过试模检验来检查制件的质量是否合乎要求。在判断模具精度是否合格时，要注意模具使用时的磨损对制件尺寸的影响，尤其是对于尺寸精度要求较高的制件，应考虑避免出现试制件的尺寸在规定的公差范围之内，但在模具使用后不久制件的尺寸就超出公差范围的情况。一般对于模具磨损后制件尺寸减小的情况，试制件的尺寸应接近制件的上极限尺寸；对于模具磨损后制件尺寸增大的情况，试制件的尺寸应接近制件的下极限尺寸。

由于冲裁模的凸模、凹模间隙会直接影响制件的毛刺高度，所以还需通过测量试制件的毛刺高度来判断凸模、凹模间隙是否合适。此外，有时还应考虑修整模具或修磨刃口对模具和制件尺寸的影响。如果直接使用用户的生产设备进行模具的试模验收工作，新模具入库前的精度检查可以与试模验收工作同时进行。否则，就要注意试模验收所用的设备和用户生产设备之间的差别，有时即使试模验收时的试制件是合格的，但在使用用户的设备进行生产时，由于设备之间存在差别，也有可能生产出不合格品。此时，在新模具入库前有必要在用户的设备上对模具的精度重新检查。新模具精度检查的结果应记载到有关档案卡片中，模具入库时应附带几个合格试制件一同入库。

3. 模具使用过程中的精度检查

模具使用时的精度检查包括首件检查、中间检查和末件检查。有时制件质量不合格的原因可能不在于模具，而是模具安装、调整不当造成的。模具安装、调整不当也是加工模具磨损和造成模具安全事故的重要原因。因此，在开始生产作业时，应试制、检查几个初期制件，并将检查结果与模具入库前的精度检查结果或上次使用时的末件检查结果相比较，以确认模具安装、调整是否得当。制件的成批生产必须在首件检查合格后才能开始。

在生产作业过程中，间隔一定时间或生产一定数量的制件后，应对制件进行抽样检查，即进行中间检查。中间检查的目的是了解模具在使用时的磨损速度，评估磨损速度对模具精度和制件质量的影响情况，以预防不合格品的成批出现。

生产作业终了时，应对最终制造的制件进行检查，同时结合对模具的外观检查，来判断模具的磨损程度和模具有无修理或重磨的必要。此外，通过对首件检查和末件检查的结果进行比较，能够测算模具的磨损速度，以便合理安排下一次作业的制件生产批量，避免模具在下次使用时因中途需要重磨或修理而中断作业造成损失。

4. 模具修理后的精度检查

模具在修理时，更换零件和对模具进行拆卸、装配、调整等工作，都有可能使模具的精度发生变化，因此在模具修理结束后必须进行精度检查。检查的方法、要求与新模具入库前的精度检查相同。

7.2　模具的寿命

7.2.1　模具寿命的基本概念

模具寿命指在保证制件品质的前提下，所能成形出的制件数。它包括反复刃磨和更换易损件，直至模具的主要部分更换的整个过程中所成形的合格制件总数。模具的失效分为非正常失效和正常失效。非正常失效（早期失效）是指模具未达到一定的工业水平下公认的寿命就不能工作。早期失效的形式有塑性变形、断裂、局部严重磨损等。正常失效是指模具经大批量生产使用，因缓慢塑性变形、较均匀地磨损或疲劳断裂等原因而不能继续工作。

1. 模具正常寿命

模具正常失效前，生产出的合格制件的数目叫模具正常寿命，简称模具寿命。模具首次修复前生产出的合格制件的数目叫首次寿命；模具一次修复后到下一次修复前所生产出的合格制件的数目叫修模寿命。模具寿命是首次寿命与各次修复寿命的总和。

模具寿命与模具类型和结构有关，它是一定时期内模具材料性能、模具设计与制造水平、模具热处理水平以及使用及维护水平的综合反映。模具寿命的高低在一定程度上反映了一个地区、一个国家的冶金工业、机械制造工业水平。

2. 模具失效形式及机理

模具种类繁多，工作状态差别很大，损坏部位也各异，但失效形式归纳起来大致有三种，即磨损失效、断裂失效、塑性变形失效。

（1）磨损失效　模具在工作时，与成形坯料接触，产生相对运动。由于表面的相对运动，接触表面逐渐损失物质的现象叫磨损。磨损失效可分为以下几种：

1）两接触表面做相对运动时，在循环应力（机械应力与热应力）的作用下，使表面金属疲劳脱落的现象称为疲劳磨损。

2）金属表面的气泡破裂，产生瞬间的冲击和高温，使模具表面形成微小麻点和凹坑的现象叫气蚀磨损。

3）液体和固体微小颗粒反复高速冲击模具表面，使模具表面局部材料流失，形成麻点和凹坑的现象叫冲蚀磨损。

4）在摩擦过程中，模具表面和周围介质发生化学或电化学反应，再加上摩擦力的机械作用，引起表面材料脱落的现象叫磨蚀磨损。

5）磨损的交互作用使得磨损情况很复杂，在一定的工况下，模具与制件（或坯料）相对运动中，磨损一般不只是以一种形式存在，往往是以多种形式并存，并相互影响。

（2）断裂失效 模具出现大裂纹甚至分离为两部分或数个部分而丧失工作能力时，称为断裂失效。断裂可分为塑性断裂和脆性断裂。模具材料多为中、高强度钢，断裂的形式多为脆性断裂。

脆性断裂又可分为一次性断裂和疲劳断裂。

（3）塑性变形失效 模具在工作时承受很大的应力，而且不均匀。当模具某个部位的应力超过了当时温度下模具材料的屈服极限时，就会以晶格滑移、孪晶、晶界滑移等方式产生塑性变形，导致几何形状或尺寸改变，而且不能修复时，叫塑性变形失效。塑性变形失效的形式表现为镦粗、弯曲、型腔胀大、塌陷等。

模具的塑性变形是模具金属材料的屈服过程。模具是否产生塑性变形，起主导作用的是模具的机械负荷以及模具的室温强度。在高温下工作的模具是否产生塑性变形，主要取决于模具的工作温度和模具材料的高温强度。

7.2.2 影响模具寿命的因素

模具的寿命是由其所成形的制件是否合格决定的，如果模具生产的制件为废品，那么该模具就没有价值了。对于大批量生产，模具的寿命长短直接影响到生产率和生产成本，所以模具寿命对使用者来说是个非常重要的指标。

影响模具寿命的因素是多方面的，在设计与制造模具时应全面分析影响模具寿命的因素，并采取切实有效的措施提高模具的寿命。

1. 制件材料对模具寿命的影响

在实际生产中，由于冲压用原材料的厚度不符合要求、材料性能波动、表面质量差和不干净等原因造成模具工作零件磨损加剧、崩刃的情况时有发生。由于这些制件材料因素的影响会直接降低模具使用寿命，所以应在满足使用要求的前提下，尽量采用成形性能好的材料，以减小冲压变形力，改善模具工作条件。另外，保证材料表面的质量和清洁对任何冲压工序都是必要的。为此，材料在加工前应擦洗干净，必要时还要清除表面氧化物和其他缺陷。

对塑件而言，不同塑料品种的模塑成型温度和压力是不同的。不同的工作条件对模具的寿命就有不同的影响。以无机纤维材料为填料的增强塑料的模塑成型，模具磨损较大。模塑过程中产生的腐蚀性气体会腐蚀模具表面。因此，应在满足使用要求的前提下，尽量选用模塑工艺性能良好的塑料来成型塑件，这样既有利于模塑成型，又有利于提高模具寿命。

2. 模具材料对模具寿命的影响

据统计，模具材料性能及热处理质量是影响模具寿命的主要因素。对冲压模来说，因工作零件在工作中需要承受拉伸、压缩、弯曲、冲击摩擦等机械力的作用，因此冲压模材料应具备抗变形、抗磨损、抗断裂、耐疲劳、抗软化及抗粘性的能力。对塑料模和压铸模来说，因型腔一般比较复杂，表面粗糙度值要求小，且工作时要承受熔体较大的冲击、摩擦和高温的作用，所以要求模具材料具有足够的强度、刚度、硬度和良好的耐磨性、耐蚀性、抛光性和热稳定性。近年来开发出不少新型模具材料，既有优良的强度和耐磨性等，又有良好的加工工艺性，不仅大大提高了制件质量，而且大大延长了模具寿命。

3. 模具热处理对模具寿命的影响

模具的热处理质量对模具的性能与使用寿命影响很大。因为热处理的效果直接影响着模具用钢的硬度、耐磨性、抗咬合性、回火稳定性、耐冲击性以及耐蚀性，这些都是与模具寿命直接相关的性质。根据模具失效原因的分析统计，热处理不当引起的失效占失效总量的50%以上。实践证明，高级的模具材料必须配以正确的热处理工艺才能真正发挥材料的优势。

通过热处理可以改变模具工作零件的硬度，而硬度对模具寿命的影响是很大的。但并不是硬度越高，模具寿命越长。这是因为硬度与强度、韧性及耐磨性等有密切的关系，硬度提高，韧性一般要降低，而抗压强度、耐磨性、抗粘性则有所提高。有的冲模要求硬度高、寿命长。例如采用T10制造硅钢片的小冲孔模，硬度为56~58HRC时只冲几千次，制件的毛刺就很大；如果将硬度提高到60~62HRC，则刃磨寿命可达到2万~3万件；但如果继续提高硬度，则会出现早期断裂现象。有的冲模则硬度不宜过高，例如采用Cr12MoV制造六角螺母冷镦冲头，其硬度为57~59HRC时模具寿命一般为2万~3万件，失效形式是崩裂，如将硬度降到52~54HRC，寿命则提高到6万~8万件。由此可见，模具热处理应达到的硬度必须根据冲压工序性质和失效形式而定，应使硬度、强度、韧性、耐磨性、疲劳强度等达到特定模具成形工序所需的最佳配合。为延长模具寿命，可采取下述方法来改善模具的热处理效果。

1）完善和严格控制热处理工艺，如采用真空热处理防止脱碳、氧化、渗碳，加热适当，淬火充分。

2）采用表面强化处理方法，使模具成形零件"内柔外硬"，以提高耐磨性、抗粘性和疲劳强度。其方法主要有高频感应淬火、喷丸、机械辊压、电镀、渗氮、渗硼、渗碳、渗硫、渗金属、离子注入、多元共渗等。还可采用电火花强化、激光强化、物理气相沉积和化学气相沉积等表面处理新技术。

3）模具使用一段时期后应进行一次消应力退火，以消除疲劳，延长寿命。

4）在热处理工艺中，增加冰冷（低于-78℃）或超低温（低于-130℃）处理，以提高耐磨性。

5）热处理时，注意强韧匹配，柔硬兼顾。有时为了提高模具的韧性，可以适当地降低硬度。

6）热处理变形要小，可采用非常缓慢的加热速度，以及分级淬火、等温淬火等减小模具变形的热处理工艺。

4. 模具结构对模具寿命的影响

合理的模具结构是保证模具高寿命的前提,因而在设计模具结构时,必须认真考虑模具寿命问题。模具结构对模具受力状态的影响很大,合理的模具结构,能使模具在工作时受力均匀,应力集中小,也不易受偏载,因而能提高模具寿命。为了提高模具寿命,在设计模具结构时应注意以下几方面:

1)适当增大模座的厚度,加大导柱、导套直径,以提高模架的刚性。

2)提高模架的导向性能,增加导柱、导套数量。如冲模可采用四导柱模架,用卸料板作为凸模的导向和支承部件(卸料板自身亦有导向装置)等。

3)选用合理的模具间隙,保证工作状态下的间隙均匀。一般来说,冲模中采用较大的间隙有利于减小磨损,提高模具寿命。

4)尽量使凸模或型芯工作部分长度缩短,并增大其固定部分直径和尾端的承压面积。

5)适当增加冲裁凹模刃口直壁部分的高度,以增加刃磨次数。

6)尽量避免模具成形零件截面的急剧变化及尖角过渡,以减小应力集中或延缓磨损,防止造成模具过早损坏。

7)在冲压成形工序中,模具成形零件的几何参数应有利于金属或制件的变形和流动,工作表面的粗糙度值尽可能地减小。

8)保持模具的压力中心与压力机、注射机或压铸机等成形设备的压力中心基本一致。

5. 模具加工工艺对模具寿命的影响

模具工作零件需要经过车、铣、刨、磨、钻、冷压、刻印、电加工、热处理等多道加工工序。加工质量对模具的耐磨性、抗拉强度、抗粘性等都有显著的影响。为了提高模具寿命,在模具加工时可采取如下一些措施:

1)采用合理的加工方法和工艺路线。尽可能通过加工设备来保证模具的加工质量。

2)对尺寸精度和质量要求均较高的模具零件,应尽量采用精密机床(如坐标镗床、坐标磨床等)和数控机床(如三坐标数控铣床、数控磨床、数控线切割机、数控电火花成型机床、加工中心等设备)加工。

3)消除电加工表面不稳定的淬硬层(可用机械或电解、腐蚀、喷射、超声波等方法去除),电加工后进行回火,以消除加工应力。

4)严格控制磨削工艺条件和方法(如砂轮硬度、精度、冷却、进给量等参数),防止磨削烧伤和裂纹的产生。

5)注意掌握正确的研磨、抛光方法。抛光方向应尽量与变形金属流动方向保持一致,并注意保持模具成形零件形状的准确性。

6)尽量使模具材料纤维方向与受拉力方向一致。

6. 模具的使用、维护和保管对模具寿命的影响

一副模具即使设计合理、加工装配精确、质量良好,但如使用、维护及保管不当,也会导致模具变形、生锈、腐蚀,使模具失效加快,寿命降低。为此,可采用下述方法以提高模具寿命:

1)正确地安装与调整模具。

2)在使用过程中,注意保持模具工作面的清洁,定期清洗模具内部。

3)注意合理润滑与冷却。

4）对冲模，应严格控制冲裁凸模进入凹模的深度，并防止误送料、冲叠片，还应严格控制校正弯曲、整形、冷挤等工序中上模的下止点位置，以防模具超负荷。

5）当冲裁模出现 0.1mm 的钝口磨损时，应立即刃磨，刃磨后要研光，最好使表面粗糙度值 $Ra<0.1\mu m$。

6）选取合适的成形设备，充分发挥成形设备的效能。

模具应编号管理，在专用库房里进行存放和保管。模具储藏期间，要注意防锈处理，最好使弹性元件保持松弛状态。

最后应该指出的是，对使用者而言，模具的使用寿命当然越长越好。但模具使用寿命的增加，意味着制造成本的提高，因此设计和制造模具时，不能盲目追求模具的加工精度和使用寿命，应根据模具所加工制件的质量要求和产量，确定合理的模具精度和寿命。

7.2.3 延长模具寿命的途径

模具磨损的根本原因是模具零件与制件（或坯料）之间或模具零件与零件之间的相互摩擦作用。能够降低这种摩擦作用，或者能够提高模具零件耐磨性的途径，都是降低模具的磨损速度、提高模具寿命的有效途径。

1. 合理选择模具材料

材料的耐磨性是决定模具零件磨损速度的主要因素之一，材料的耐磨性主要取决于材料的种类和热处理状态。在常用模具材料中，以冷作模具用钢为例，硬质合金的耐磨性最高，其次是高碳高铬工具钢，再次是低合金工具钢，碳素工具钢的耐磨性最低。一般情况下，需要耐磨的模具零件都应通过淬火或其他热处理方法提高材料的硬度，材料越硬，耐磨性就越好。

2. 提高模具零件表面质量

首先，要提高零件表面的精加工质量。零件加工越精细，表面粗糙度值越小，则磨损速度就越慢，使用寿命就越长。其次，要尽力避免零件表层材料在加工过程中发生软化现象，防止材料耐磨性的降低。例如，在磨削加工时，如果工艺条件选择不当，就会产生磨削烧伤，使表层材料的硬度降低，大大降低了零件的耐磨性。

3. 润滑处理

模具的导柱、导套及其他有相对运动的部位应经常加注润滑油。冲压加工时一般应在凸模、凹模工作表面或毛坯表面涂覆润滑油或润滑剂。变形抗力大的冲压加工，如冷挤压、厚料拉深、变薄拉深等，应对坯料进行表面润滑处理，例如，对碳钢坯料进行磷化、皂化处理；对不锈钢坯料进行草酸盐处理。锻模、塑料模和压铸模等模具在成形前都应将润滑剂或起模剂喷涂于成形零件表面。

4. 防止粘模

如果制件材料与模具材料之间有较强的亲和力，两者之间会产生很强的粘附作用，甚至相互间在高压作用下产生冷焊，这就是所谓的粘模现象。粘模现象严重时，将在起模时导致制件和模具零件表面的材料撕裂脱落，一方面影响制件的表面质量，另一方面将使模具零件产生剧烈的粘着磨损，同时，脱落的材料颗粒还会加剧模具零件的磨损。因此，无论是对于制件质量，还是对于模具寿命，粘模现象都是极为有害的，都应采取措施加以预防。预防粘模的方法有：采用与制件材料亲和力较小的模具材料；采用可靠的润滑措施，防止润滑膜在高压下被挤破；采用渗氮、碳氮共渗等表面处理方法，改变模具零件表层材料的组织结构。

5. 合理选择模具结构参数和成形工艺条件

在保证制件质量的前提下，对于冲裁模，适当加大凸模、凹模间隙；对于弯曲模、拉深模，适当加大凸模、凹模间隙和凹模口部圆角半径；对于冷挤压模，适当减小凹模入口角和凸模、凹模工作带高度，以及增加制件的起模斜度，都能提高模具寿命。对于塑料模、压铸模等模具，适当减小成型压力和速度，提高模具温度，既能减小熔融塑料或合金液在充模时对模具成型表面的冲击磨损，又能减小制件对模具的胀模力，从而减小模具在制件脱离模具时的磨损。

6. 表面强化

表面强化的目的是提高模具零件表面的耐磨性。常用的表面强化方法有表面电火花强化、硬质合金堆焊、渗氮、氮碳共渗、渗硫处理、表面镀铬等。表面电火花强化、硬质合金堆焊常用于冲裁模。渗氮（硬氮化）主要用于 3Cr2W8V、5CrMnMo 等热作模具钢零件的表面强化，该方法除能提高零件的耐磨性外，还能提高零件的抗疲劳性、抗热疲劳性和耐磨蚀性，主要用于压铸模、塑料模等模具。氮碳共渗（气体软氮化）不受钢种的限制，能应用于各类模具。渗硫处理能减小摩擦系数，提高材料的耐磨性，一般只用于拉深模、弯曲模。表面镀铬主要用于塑料模及拉深模、弯曲模。除了上述常用方法外，模具的表面强化还有渗硼处理、渗金属处理、TD法处理、化学气相沉积处理、碳氮硼多元共渗等许多方法。

7.3　模具的成本与安全

模具作为生产各种工业产品的重要工艺装备，一般不直接进入市场流通交易，而是由模具使用者与模具制造企业双方进行业务洽谈，明确双方的经济关系和责任，并以订单或经济合同的形式来确定双方经济技术关系。那么模具的定价是否合理，不仅关系到用户的切身利益，还关系到模具制造企业的盈利水平、市场竞争力以及预定的经营目标是否能顺利实现等，因此模具价格的制订是模具制造企业经营决策的重要内容之一。为了制订出合理的模具价格，必须搞清楚模具从设计到生产以及企业的管理、销售等各环节所花费的成本。

7.3.1　模具成本的概念

模具的制造和其他任何商品一样，只要投入了人力、物力，就要花费成本。对于模具成本的估算，社会上仍有"模具不过是一种半手工业劳动"的偏见，忽略了现代模具生产是人才、技术和资金高度密集的生产，模具成本中应含有很高的技术价值。模具成本根据在生产中的作用可分为固定成本和变动成本两大类，这两种成本均对模具的价格产生直接影响。

固定成本是指在一定时期、一定产量范围内不随模具产品数量变动而变动的那部分成本，如厂房和设备的折旧费、租金、管理人员的工资等。这些费用在每一个生产期间的支出都是比较稳定的，它们将被平均分摊到模具产品中去，不管产品的产量如何，其支出总额是相对不变的。但单位产品分摊的固定费用却随产量的变化而变化。模具产量越高，每副模具分摊的固定费用就越少；反之，每副模具分摊的固定费用就越高。因此模具企业可以采用压缩固定成本总额或增加模具产量的方法来控制模具的固定成本。

变动成本是指模具成本中总金额随模具数量的变动而成正比例变动的成本，主要包括制造模具的原材料、能源、计件工人工资、营业税等。变动成本的总额虽然随模具产量的变大而增加，但对于每副模具的变动成本却是相对稳定的，不随产量变动。一般情况下，只能通过控制单位产品（每副模具）的消耗量，才能达到降低单位变动成本的目的。

综合上述固定成本和变动成本这两大类因素，可以认为模具的价格是由模具的生产成本、销售费用（包装运输费、销售机构经费、宣传广告费、售后服务费等）、利润和税金四部分构成。实践证明，模具价格中的主要成分是生产成本。生产成本是指生产一定数量的产品所消耗的物质资源和支付劳动者的报酬。生产成本由以下内容组成：

1）模具设计费。模具一般不具有重复生产性，每套模具在投产前均需进行设计。

2）模具的原材料费，如铸件、锻件、型材、模具标准件及外购件费用等。

3）动力消耗费，如水、电、气、煤、燃油费等。

4）工资，包括工人工资、奖金，以及按规定提取的福利基金等。

5）车间经费，包括管理车间生产发生的费用以及外协费等。

6）企业管理费，包括管理人员与服务人员工资、消耗性材料、办公费、差旅费、运输费、折旧费、修理费及其他费用。

7）专用工具费，如专用刀具、电极、靠模、样板、模型所耗用的费用等。

8）试模费。模具生产本身具有试制性，在交货前均需反复试模与修整。

9）试制性不可预见费。由于模具制造中存在试制性，成本中就包含着不可预见费和风险费。

由于模具制造具有单件试制性特点，而且生产实践也表明，模具是物化劳动少而技术投入多的产品，其"工费"在生产成本中占有很大比例（70%~80%），因此在组成模具生产成本的上述条目中有很大比重属于模具的工费。所以，用户通常对模具的生产成本只想到材料费，不考虑其他费用，造成用户和模具制造者在价格认识上的差距。

7.3.2 降低模具成本的方法

获取最大盈利是模具企业追求的重要目标之一。但是企业追求最大盈利并不等于追求最高价格。因为当产品价格过高时，销售量会相应减少，最终导致销售收入的降低，使企业盈利总额下降。众所周知，产品成本制约着产品价格，而产品价格又影响到市场需求、竞争力等因素。因此，从这个角度来看，模具的成本应越低越好。降低模具成本的方法如下：

1）模具企业对内部各部门从严管理、提高效率，从每一个细节上深挖潜能，杜绝浪费和人浮于事的现象。

2）模具企业通过发挥规模经济效应，增加产量，降低成本，刺激社会需求。

3）设计模具时应根据实际情况全面考虑，即应在保证制件质量的前提下，选择与制件产量相适应的模具结构和制造方法，使模具成本降到最低程度。

4）要充分考虑制件特点，尽量减少后续加工。

5）尽量选择标准模架及标准零件，以便缩短模具生产周期，从而降低其制造成本。

6）设计模具时要考虑试模后的修模方式，应留有足够的修模余地。

7）在模具制造中，合理选择机械加工、特种加工和数控加工等加工方法，以免造成各种形式的浪费。

8）对于一些精度和使用寿命要求不高的模具，可用简单方便的制模法快速制成模具，以节省成本。

9）尽量采用计算机辅助设计（CAD）与计算机辅助制造（CAM）技术。

在一般情况下，模具生产成本的大小是决定模具价格高低的主要因素，若想降低模具价格，首先必须设法降低其生产成本。此外，当模具价格不变时，成本越低，企业利润越大；成本越高，利润越小。因此，模具企业要想获取更多的盈利，就必须加强内部管理，精打细算，不断把降低成本作为企业生存的必由之路。

7.3.3 模具设计和制造过程中出现的安全问题

模具安全技术包括人身安全技术和设备与模具安全技术两个方面。前者主要是保护操作者的人身（特别是双手）安全，也包括降低生产噪声。后者主要是防止设备事故，保证模具与压力机、注射机等设备不受意外损坏。

发生事故的原因很多，客观上的原因有：因为冲压设备多为曲柄压力机和剪切机，其离合器、制动器及安全装置容易发生故障；模塑成型设备和压铸机的液压、电器、加热装置等失灵，一个零件发生"灾难性"的故障，可能造成其他零件损坏，导致设备失效。但是根据经验统计，主观原因还是主要的，例如，操作者对成型设备的加工特点缺乏必要的了解，操作时又疏忽大意或违反操作规程；模具结构设计的不合理，模具没有按要求制造，或未经严格检验导致强度不够或机构失效；模具安装、调整不当；设备和模具缺乏安全保护装置或维修不及时等。

在设计、制造、使用模具过程中易出现的安全问题如下：

1）操作者疏忽大意，在压力机滑块下降时将手、臂、头等伸入危险区。

2）模具结构不合理，导致手指容易进入危险区，在冲压生产中制件或废料回升而没有预防的结构措施，或单个毛坯在模具上定位不准确而需用手校正位置等。

3）模具的外部弹簧断裂飞出，模具本身具有尖锐的边角。

4）塑料模或模塑设备中的热塑料逸出，压缩空气逸出，液压油逸出。

5）热模具零件裸露在外，电接头绝缘保护不好。

6）模具安装、调整、搬运不当，尤其是手工起运模具。

7）压力机的安全装置发生故障或损坏。

8）在生产中，缺乏适当的交流和指导文件（操作手册、标牌、图样、工艺文件等）。

事故的统计数据表明：在冲压生产中发生的人身事故比一般机械加工多。目前，国家规定新生产的压力机都必须附设安全保护装置才能出厂。压力机用的安全保护装置有安全网、双手操作机构、摆杆或转板护手装置、光电保护装置等。在保障冲压加工的安全性方面，除压力机应具有安全装置外，还必须使所设计的模具具有杜绝人身事故发生的合理结构和安全措施。

7.3.4 提高模具安全的方法

在设计模具时，不仅要考虑到生产率、制件质量、模具成本和寿命，同时必须考虑到操作方便、生产安全。

1. 技术安全对模具结构的基本要求

1）不需要操作者将手、臂、头等伸入危险区即可顺利工作。

2）操作、调整、安装、修理、搬运和储藏方便、安全。

3）不使操作者有不安全的感觉。

4）模具零件要有足够的强度，应避免有与机能无关的外部凸、凹部分，导向、定位等重要部位要使操作者看得清楚，原则上冲压模的导柱应安装在下模并远离操作者，模具中心应通过或靠近成形设备的中心。

2. 模具的安全措施

（1）设计自动模　当压力机没有附设的自动送料装置时，可将冲模设计成自动送料、自动出件的半自动或自动模。这是防止发生人身安全事故的有效措施。

（2）设置防护装置　设置防护装置的目的是把模具的工作区或其他容易造成事故的运动部分保护起来，以免操作者接触危险区。

（3）设置模外装卸机构　对于单个毛坯的冲压，当无自动送料装置时，为了避免手伸入危险区，可以设置模外手动装料的辅助机构，在模外手工装料，然后利用斜面料槽使待冲制件滑到冲模工作位置。

（4）防止制件或废料回升　在冲裁模中，落料制件或冲孔废料有时被粘附在凸模端面上带回凹模面造成冲叠片，这不仅会损坏模具刃口，有时还会造成碎块伤人的事故。为此通常在凸模中采用顶料销或充入压缩空气的方法，迫使制件（落料）或废料（冲孔）从凹模中漏下，如图7-1所示。

（5）缩小模具危险区的范围　在无法安装防护挡板和防护罩时，可通过改进冲模零件的结构和有关空间尺寸以及冲模运动零件的可靠性等安全措施，以缩小危险区域，扩大安全操作范围。具体方法如下：

1）凡与模具工作需要无关的角部都倒角或设计成铸造圆角。

2）手工放置工序件时，为了操作安全与取件方便，在模具上开出让位空槽。

3）当上模在上止点时，使凸模（或弹压卸料板）与下模上平面之间的空隙小于8mm，以免手指伸入。

4）单面冲裁或弯曲时，将平衡块安置在模具的后面或侧面，以平衡侧压力对凸模的作用，防止因偏载折断凸模而影响操作者的安全。

5）模具闭合时，上模座与下模座之间的空间距离不小于50mm。

（6）模具的其他安全措施

1）合理选择模具材料和确定模具零件的热处理工艺规范。

2）设置安装块和限位支承装置，如图7-2所示。对于大型模具设置安装块不仅给模具的安装、调整带来方便，也增强了安全系数，而且在模具存放期间，能使工作零件保持一定距离，以防上模倾斜和碰伤刃口，还可防止橡胶老化或弹簧失效。而限位支承装置则可限制冲压工作行程的最低位置，避免凸模伸入凹模太深而加快模具的磨损。

3）对于重量较大的模具，为便于搬运和安装，应设置起重装置。起重装置可采用螺栓吊钩或焊接吊钩，原则上一副模具使用2~4个吊钩，吊钩的位置应使模具起重提升后保持平衡。

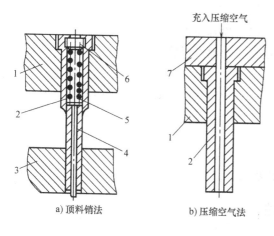

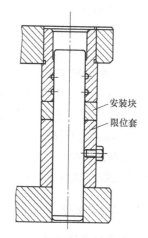

a) 顶料销法　　　b) 压缩空气法

图7-1　防止制件或废料回升的措施
1—凸模固定板　2—凸模　3—卸料板
4—顶料销　5—弹簧　6—螺塞　7—垫板

图7-2　冲模的安装块与限位支承装置

7.4　模具的维护与维修

模具是精密和复杂的工艺装备。它的制造周期较长，成本高，为了保证正常生产，提高制件质量，延长模具使用寿命，改善模具技术状态，必须要对模具进行精心维护与保养。

7.4.1　模具的维护与保养

模具的维护与保养应贯穿在模具的使用、修理、保管等各个环节之中。

1. 模具使用前的准备工作

1）对照工艺文件检查所使用的模具是否正确，规格、型号是否与工艺文件统一。

2）操作者应首先了解所用模具的使用性能、方法及结构特点、动作原理。

3）检查一下所使用的设备是否合理，如压力机的行程、开模距、压射速度等是否与所使用的模具配套。

4）检查一下所用的模具是否完好，使用的材料是否合适。

5）检查一下模具的安装是否正确，各紧固部位是否有松动现象。

6）开机前工作台、模具上的杂物是否清除干净，以防开机后损坏模具或出现安全隐患。

2. 模具使用过程中的维护

1）遵守操作规程，防止乱放、乱砸、乱碰等违规操作。

2）模具运作时，随时检查，发现异常立刻停机修整。

3）要定时对模具各滑动部位进行润滑，防止野蛮操作。

3. 模具的拆卸

1）模具使用后，要按正常操作程序将模具从机床上卸下，绝对不能乱拆、乱卸。

2）拆卸后的模具要擦拭干净，并涂油防锈。

3）模具吊运要稳妥，慢起、轻放。

4）选取模具工作后的最后几个制件检查，确定检修与否。

5）确定模具技术状态，将其完整、及时送入指定地点保管。

4. 模具的检修养护

1）根据技术鉴定状态定期进行检修，以保证良好的技术状态。

2）要按检修工艺进行检修。

3）检修后进行试模，重新鉴定技术状态。

5. 模具的存放

模具保管存放的地点一定要通风良好、干燥。

7.4.2 冲压成形常见故障及其维修方法

1. 冲压制件飞边大

仔细检查模具和制件，分析原因，并根据不同的原因采取相应的对策。

1）刃口磨损或崩刃，可磨刃口，研磨量应以磨利为准。当局部需要的研磨量较多时，可采用垫片局部垫高后再磨刃口。当崩刃超过 1mm 时，可采用氩弧焊补焊后研磨修复刃口或氩弧焊补焊后线切割修复刃口，也可采用局部线切割后镶补。对于小凸模或小镶件崩刃较多时，可垫高后刃磨或更换新凸模或镶件。

2）模具冲裁间隙过大或过小，即重新研磨刃口后，效果不佳，很快又出现飞边等，须对冲切断面检查，确认后重新调整模具间隙，并重新配作定位销孔。当导柱、导套磨损，配合间隙变大时，模具冲裁间隙也会改变，导致飞边出现，可更换导柱、导套。

3）冲裁搭边过小或切边材料过少时，材料被拉入模具间隙内成为飞边。可通过加大冲裁搭边或加大切边余量解决这个问题。

2. 凸模折断或弯曲

导致凸模失效的原因较多，应仔细检查模具和制件，分析原因，并根据不同的原因采取相应的对策。

废料阻塞、卡料、模内有异物、废物上浮、冲半料、冲孔间隙过小或间隙不匀、卸料板导向不良或与凸模配合不良、凸模结构不良或选用材质及其热处理不当、卸料橡胶挤压小凸模等因素均可导致凸模断裂或弯曲。

对细小凸模应加强保护，固定部分适当加大尺寸或加保护套，工作部分与固定部分之间采用大圆角过渡，避免应力集中。大、小凸模相距较近时，受材料牵引易导致小凸模断裂，须加强小凸模保护或加大小凸模尺寸，小凸模比大凸模磨短一个料厚。单面冲裁凸模需有靠块保护，防止凸模因单边受力而弯曲退让，导致冲裁间隙变大而出现飞边。冲小孔的间隙应适当放大，凹模刃口高度适当降低，凹模刃口高度可取 2mm，并且刃口以下取 1°~2° 斜度。

3. 废料阻塞

漏料孔不光滑、漏料孔从上至下没有逐级放大、漏料孔上下错位、漏料孔底部有阻挡物、漏料孔过大或过小等因素均可导致废料阻塞。废料阻塞后，可用电钻钻出废料，拆下凹模，分析原因，并根据不同的原因采取相应的对策。

凸模折断或弯曲的要更换凸模，凹模胀裂的可局部镶补或更换凹模。对于大凹模中间仅裂开一条缝的情况，可通过线切割加工，用 45 钢做成工字形键，将凹模裂缝收紧，工字形键应比凹模上线割出的工字形槽短一些，以保证有足够的预紧力将凹模裂缝收紧。对于开裂的凹模，也可压入固定板预紧固定，或在凹模四周焊一个框架预紧固定。对于漏料孔不光滑的可研磨光滑，对于漏料孔上下错位的，可将漏料孔从上至下逐级钻大或修磨错位处至排料顺畅。对于漏料孔偏小，可适当放大。漏料孔过大时，废料易翻滚形成堵塞，需缩小漏料孔。刃口磨损时，废料飞边相互勾挂，也可能胀裂凹模，需及时磨刃口。凹模在磨床上磨削后未退磁，也可能导致废料塞模，因此模具磨刃口后应退磁。废料带油太多或油的黏度过高，也可能导致废料塞模，可控制材料的带油量及油的种类。凹模刃口表面粗糙或有倒锥时，使废料排出阻力加大，需对凹模直刃部分进行修整。

4. 废料上浮压伤制件

模具冲裁间隙偏大、凸模表面紧贴坯料产生真孔、冲压速度高、凸模磨损、凸模带磁性、冲头进入凹模深度偏小、材料表面油过多过黏、小而轻的废料易被真空吸附等因素均可导致废料上浮，将制件压伤。

防止废料上浮的措施主要有：

1）小孔废料上浮可通过在凸模顶面中间磨 V 形小缺口，避免真空吸附来防止。

2）小孔废料上浮可通过对凹模真空抽吸的方法来防止。

3）凸模顶端装有活动顶料杆，避免废料随凸模上升。

4）凸模采用斜刃口或中间磨凹，利用材料变形来防止材料紧贴凸模表面产生真空吸附。

5）小凸模顶面中间留一小凸点，防止材料紧贴凸模表面产生真空吸附。

6）修改模具间隙，使用较小的冲裁间隙。

7）保持凸模刃口锋利，适当增加进入凹模的长度，减少润滑油的使用，凸模充分消磁。

8）在冲孔凸模上锉出 0.05mm×0.05mm 的凹痕，使冲孔废料产生较大飞边，以增大其在凹模中的摩擦力。

9）在凹模刃口直壁上用合金锉出 15°～30°、0.01mm 深的斜纹，以增大废料在凹模中的摩擦力。

5. 制件变形或尺寸变化

级进模送料及导料不准或送料不到位会出现导正销拉料，在材料的导正孔部位出现小的翻边、导正孔变形等现象，可适当减小导料间隙，增加导正钉，提高导料精度。当导正钉磨损或折断时，制件会出现偏心、翻孔歪斜、尺寸改变等不良现象，应及时更换导正钉。

材料滑移造成折弯、尺寸变化时，可增大压料力，折弯时尽可能采用孔定位。模具让位孔过小、定位不准、卸料板与凹模的间隙大、顶出不平衡等也会导致制件变形，可视具体情况采取相应对策。

6. 拉深件起皱或破裂

拉深件起皱的主要原因是压料力太小。无凸缘的制件口部起皱的原因还有凹模圆角过大、间隙过大。最后变形的材料未被压住，形成的少量褶皱因间隙过大不能整平。解决起皱问题的措施是增大压料力，但压料力增大过多又会导致制件拉裂。当增大压料力不能解决起皱问题时，应检查压料圈的限位是否过高，凹模上的挡料钉避让孔是否够深，用塞尺检查拉深间隙是否过大。当只是单面起皱时，应检查压料圈与凹模是否平行，坯料是否有大飞边或表面是否有杂物。根据实际情况采取相应的对策。当压料力不均匀导致局部起皱或拉裂时，可通过垫片调整压料板与凹模之间的压料间隙，来控制各处的压料力大小。

拉深件拉裂的主要原因有压料力太大、材料性能规格不符合要求、材料表面不清洁、凹模圆角太小或间隙太小等，确认原因后就可采取相应的对策。

7.4.3　注射成型常见故障及其维修方法

注射模的结构形式和模具加工质量直接影响着塑件的质量和生产率。注射模生产和塑件生产实践中最常出现的一些模具故障及其主要原因分析排除如下：

1. 浇口脱料困难

在注射过程中，浇口粘在浇口套内，不易脱出。开模时，制件会出现裂纹损伤。此外，操作者必须用铜棒尖端从喷嘴处敲出，使之松动后方可脱模，严重影响生产率。

这种故障的主要原因是浇口锥孔光洁度差，内孔圆周方向有刀痕，其次是材料太软，使用一段时间后锥孔小端变形或损伤，以及喷嘴球面弧度太小，致使浇口料在此处产生铆头。浇口套的锥孔较难加工，应尽量采用标准件，如需自行加工，也应自制或购买专用铰刀。锥孔需经过研磨至 $Ra \leq 0.4$。此外，必须设置浇口拉料杆或者浇口顶出机构。

2. 导柱损伤

导柱在模具中主要起导向作用，以保证型芯和型腔的成型面在任何情况下互不相碰，不能以导柱作为受力件或定位件。在以下两种情况下，注射时动模、定模将产生巨大的侧向偏移力：一是塑件壁厚要求不均匀时，料流通过厚壁处速率大，在此处产生较大的压力；二是塑件侧面不对称，如阶梯形分型面的模具，相对的两侧面所受的反压力不相等，大型模具因各向充料速率不同，以及在装模时受模具自重的影响，产生动模、定模偏移。在上述两种情况下，注射时侧向偏移力将加在导柱上，开模时导柱表面会拉毛、损伤，严重时导柱会弯曲或切断，甚至无法开模。

为了解决以上问题，在模具分型面上增设高强度的定位键，四面各一个，最简便有效的方法是采用圆柱键。导柱孔与分型面的垂直度至关重要，在加工时，动模、定模对准位置夹紧后，在镗床上一次镗完，这样可保证动模、定模孔的同心度，并使垂直度误差最小。此外，导柱及导套的热处理硬度务必达到设计要求。

3. 动模板弯曲

模具在注射时，模腔内熔融塑料会产生巨大的反压力，一般在 $600 \sim 1000 \mathrm{kgf/cm^2}$。模具制造者有时不重视此问题，往往随意改变原设计尺寸，或者把动模板用低强度钢板代替，在用顶杆顶料的模具中，由于两侧座跨距大，造成注射时模板下弯。故动模板必须选用优质钢材，要有足够厚度，切不可用 Q235 等低强度钢板，必要时，应在动模板下方设置支承柱或支承块，以减小模板厚度，提高承载能力。

4. 顶杆弯曲、断裂或者漏料

自制的顶杆质量较好，但是加工成本太高，现在一般都用标准件。顶杆与孔的间隙如果太大，则会出现漏料，但如果间隙太小，在注射时由于模温升高，导致顶杆膨胀而卡死。更危险的是，有时顶杆被顶出一般距离就顶不动而折断，结果在下一次合模时这段露出的顶杆不能复位而撞坏凹模。为了解决这个问题，顶杆重新修磨，在顶杆前端保留 10～15mm 的配合段，中间部分磨小 0.2mm。所有顶杆在装配后，都必须严格检查其配合间隙，一般在

0.05～0.08mm 内，以保证整个顶出机构能进退自如。

5. 冷却不良或水道漏水

模具的冷却效果直接影响制件的质量和生产率，如冷却不良，会导致制件收缩大或收缩不均匀而出现翘面变形等缺陷。另一方面，模具整体或局部过热，导致不能正常成型而停产，严重者使顶杆等活动件热胀卡死而损坏。冷却系统的设计、加工根据产品形状而定，不要因为模具结构复杂或加工困难而省去这个系统，特别是大、中型模具一定要充分考虑冷却问题。

6. 定距拉紧机构失灵

摆钩、搭扣之类的定距拉紧机构一般用于定模抽芯或一些二次脱模的模具中，因这类机构在模具的两侧面成对设置，其动作要求必须同步，即合模同时搭扣，开模到一定位置同时脱钩。一旦不同步，势必造成被拉模具的模板歪斜而损坏。这些机构的零件要求有较高的刚度和耐磨性，调整也很困难，机构寿命较短，应尽量避免使用，可以改用其他机构。

在抽芯力比较小的情况下可采用弹簧推出定模的方法，在抽芯力比较大的情况下可采用动模后退时型芯滑动，先完成抽芯动作后再分模的结构，在大型模具上可采用液压缸抽芯。斜销滑块式抽芯机构较常出现的毛病大多是加工上不到位以及用料太少。

有些模具因受模板面积限制，导槽长度太小，滑块在抽芯动作完毕后露出导槽，这样在抽芯后阶段和合模复位初阶段都容易造成滑块倾斜，特别是在合模时，滑块复位不顺，使滑块损伤，甚至压弯破坏。根据经验，滑块完成抽芯动作后，留在滑槽内的长度不应小于导槽全长的 2/3。

在设计、制造模具时，应考虑塑件质量的要求、批量的大小、制造期限的要求等具体情况，既能满足制件要求，又能使模具结构简单、可靠，易于加工，造价低。

1. 简述模具使用过程中精度检查的内容及其意义。
2. 模具精度有哪些要求？
3. 影响模具精度的因素有哪些？
4. 何谓模具寿命？
5. 简述模具失效形式及机理。
6. 简述影响模具寿命的因素。
7. 提高模具寿命的有效途径有哪些？
8. 何谓模具成本？
9. 降低模具成本的方法有哪些？
10. 提高模具安全的方法有哪些？

参 考 文 献

[1] 郑峥. 冲压注塑成型设备 [M]. 北京：北京理工大学出版社，2010.

[2] 苏伟. 模具概论 [M]. 北京：人民邮电出版社，2010.

[3] 薛啟翔. 冲压工艺与模具设计实例分析 [M]. 北京：机械工业出版社，2008.

[4] 杨占尧. 冲压模具典型结构图例 [M]. 北京：化学工业出版社，2008.

[5] 欧阳德祥. 塑料成型工艺与模具结构 [M]. 北京：机械工业出版社，2016.

[6] 杨占尧. 模具专业导论 [M]. 北京：高等教育出版社，2010.

[7] 成百辆. 冲压工艺与模具结构 [M]. 北京：电子工业出版社，2006.

[8] 邓万国. 塑料成型工艺与模具结构 [M]. 北京：电子工业出版社，2006.

[9] 谢建. 模具概论 [M]. 北京：高等教育出版社，2007.

[10] 杨关全. 冷冲模工艺与设计 [M]. 北京：北京师范大学出版社，2010.

[11] 殷铖，王明哲. 模具钳工技术与实训 [M]. 北京：机械工业出版社，2006.

[12] 屈华昌. 塑料成型工艺与模具设计 [M]. 北京：机械工业出版社，2008.

[13] 鄂大辛. 成型工艺与模具设计 [M]. 北京：北京理工大学出版社，2007.

[14] 翁其金. 塑料模塑工艺与塑料模设计 [M]. 北京：机械工业出版社，1999.

[15] 姚艳书，唐殿福. 工具钢及其热处理 [M]. 沈阳：辽宁科学技术出版社，2009.

[16] 中国机械工程学会，中国模具设计大典编委会. 中国模具设计大典 [M]. 南昌：江西科学技术出版社，2003.

[17] 徐勇军. 工程材料基础与模具材料 [M]. 北京：化学工业出版社，2008.

[18] 黄立宇. 模具材料选择与制造工艺 [M]. 北京：冶金工业出版社，2009.

[19] 赵昌盛. 实用模具材料应用手册 [M]. 北京：机械工业出版社，2005.

[20] 穆云超. 模具材料与热处理 [M]. 北京：机械工业出版社，2010.

[21] 张金凤. 模具材料与热处理 [M]. 北京：机械工业出版社，2010.

[22] 周超梅，于林华. 金属材料与模具材料 [M]. 北京：北京理工大学出版社，2009.

[23] 吕野楠. 锻造与压铸模 [M]. 北京：国防工业出版社，2009.

[24] 机械工业科技交流中心. 中国机械制造技术与装备精选集：模具工业篇 [M]. 北京：机械工业出版社，2001.

[25] 梁庆. 模具制造技术问答 [M]. 北京：化学工业出版社，2009.

[26] 许发樾. 模具结构设计 [M]. 北京：机械工业出版社，2004.

[27] 陈锡栋，周小玉. 实用模具技术手册 [M]. 北京：机械工业出版社，2002.

[28] 张永江. 周宇明. 模具基础 [M]. 北京：高等教育出版社，2014.